“秘境阴条岭”生物多样性丛书

阴条岭保护植物图鉴

YINTIAOLING

陈锋 等 编著

重庆大学出版社

内容简介

本书较为全面地反映了重庆阴条岭国家级自然保护区中保护植物的种类、保护等级、识别特征和生境分布，共记录保护植物100种，附有1080张照片。其中列入《国家重点保护野生植物名录》47种，《重庆市重点保护野生植物名录》22种，《中国生物多样性红色名录——高等植物卷（2020）》49种，《濒危野生动植物种国际贸易公约》附录27种。

本书可供从事植物学的工作者、生物多样性与保护的科研人员、政府有关决策部门的工作者，以及对植物学感兴趣的读者使用和参考。

图书在版编目（CIP）数据

阴条岭保护植物图鉴 / 陈锋，等编著 .-- 重庆：重庆大学出版社，2023.11

（“秘境阴条岭”生物多样性丛书）

ISBN 978-7-5689-4157-0

I. ①阴… Ⅱ . ①陈… Ⅲ . ①自然保护区—珍稀植物—重庆—图谱 Ⅳ . ① Q948.527.19-64

中国国家版本馆 CIP 数据核字（2023）第 163148 号

阴条岭保护植物图鉴

YINTIAOLING BAOHU ZHIWU TUJIAN

陈 锋 等 编著

策划编辑：袁文华

责任编辑：文 鹏 版式设计：袁文华

责任校对：王 倩 责任印制：赵 晟

*

重庆大学出版社出版发行

出版人：陈晓阳

社址：重庆市沙坪坝区大学城西路 21 号

邮编：401331

电话：（023）88617190 88617185（中小学）

传真：（023）88617186 88617166

网址：http://www.cqup.com.cn

邮箱：fxk@cqup.com.cn（营销中心）

全国新华书店经销

重庆亘鑫印务有限公司印刷

*

开本：787 mm × 1092 mm 1/16 印张：19.5 字数：279 千

2023 年 11 月第 1 版 2023 年 11 月第 1 次印刷

ISBN 978-7-5689-4157-0 定价：158 .00 元

编委会

丛书序

重庆阴条岭国家级自然保护区位于重庆市巫溪县东北部，地处渝、鄂两省交界处，是神农架原始森林的余脉，保存了较好的原始森林。主峰海拔高 2796.8 m，为重庆第一高峰。阴条岭所在区域既是大巴山生物多样性优先保护区的核心区域，又是秦巴山地及大神农架生物多样性关键区的重要组成部分。其人迹罕至的地段保存着典型的中亚热带森林生态系统，具有很高的学术和保护价值。

近十多年来，我们一直持续地从事阴条岭的生物多样性资源本底调查，同步开展了部分生物类群专科专属的研究。通过这些年的专项调查和科学研究，积累了大量的原始资源和科普素材，具备了出版“秘境阴条岭”生物多样性丛书的条件。

“秘境阴条岭”生物多样性丛书原创书稿，由多个长期在阴条岭从事科学研究的专家团队撰写，分三个系列：图鉴系列、科学考察系列、科普读物系列，这些图书的原始素材全部来源于重庆阴条岭国家级自然保护区。

编写“秘境阴条岭”生物多样性丛书，是推动绿色发展，促进人与自然和谐共生的内在需要，更是贯彻落实习近平生态文明思想的具体体现。

“秘境阴条岭”生物多样性丛书中，图鉴系列以物种生态和形态照片为主，辅以文字描述，图文并茂地介绍物种，方便读者识别；科学考察系列以专著形式系统介绍专项科学考察取得的成果，包括物种组成尤其是发表的新属种、新记录以及区系地理、保护管理建议等；科普读物系列以图文并茂、通俗易懂的方式，从物种名称来历、生物习性、形态特征、经济价值、文化典故、生物多样性保护等方面讲述科普知识。

自然保护区的主要职责可归纳为六个字：科研、科普、保护。这套图书的出版来源于重庆阴条岭国家级自然保护区良好的自然生态，有了这个绿色本底才有了科研的基础，没有深度的科学研究也就没有科普的素材。此项工作的开展，将有利于进一步摸清阴条岭的生物多样性资源本底，从而更有针对性地实行保护。

“秘境阴条岭”生物多样性丛书的出版，将较好地向公众展示阴条岭的生物多样性，极大地发挥自然保护区的职能作用，不断提升资源保护和科研科普水平；同时，也将为全社会提供更为丰富的精神食粮，有助于启迪读者心灵、唤起其对美丽大自然的热爱和向往。

重庆阴条岭国家级自然保护区是中国物种多样性最丰富、最具代表性的保护区之一。保护这里良好的自然环境和丰富的自然资源，是我们的责任和使命。以丛书的方式形象生动地向公众展示科研成果和保护成效，将极大地满足民众对生物多样性知识的获得感，提高公众尊重自然、顺应自然、保护自然的意识。

自然保护区是自然界最具代表性的自然本底，是人类利用自然资源的参照系，是人类社会可持续发展的战略资源，是人类的自然精神家园。出版“秘境阴条岭”生物多样性丛书，是对自然保护区的尊重和爱护。

“秘境阴条岭”生物多样性丛书的出版，得到了重庆市林业局、西南大学、重庆师范大学、长江师范学院、重庆市中药研究院、重庆自然博物馆等单位的大力支持和帮助。在本丛书付梓之际，向所有提供支持、指导和帮助的单位和个人致以诚挚的谢意。

限于业务水平有限，疏漏和错误在所难免，敬请批评指正。

重庆阴条岭国家级自然保护区管理事务中心

杨志明

2023 年 5 月

前 言

重庆阴条岭国家级自然保护区（正文简称阴条岭保护区）位于大巴山脉东南段、渝鄂两省（市）交界处、巫溪县东部。它地处渝东鄂西生物多样性热点地区，是我国亚热带北部山地森林生态系统及其物种基因库保存最完整的区域之一，同时也是重庆市物种多样性最丰富的地区之一。此外，该地区北有秦岭大巴山脉阻挡，受第四纪冰川影响较小，保存着亚热带北部山地特有的多种珍稀植物群落。

生物多样性是地球生命共同体的血脉和根基，保护物种更是生物多样性的核心。《国家重点保护野生植物名录》（第一批）实施 20 余年来，大部分物种得到了有效保护，濒危程度得以缓解，但仍有不少具有重要经济或科研价值且资源破坏严重的种类未列入名录中。因此，国家林业和草原局、农业农村部组织相关部门和专家对《国家重点保护野生植物名录》（第一批）进行了科学调整。经国务院批准，2021 年 9 月 7 日，新版《国家重点保护野生植物名录》正式向社会公布。

为贯彻落实国家文件精神，摸清保护植物变化情况，促进野生植物保护管理工作高质量发展，重庆阴条岭国家级自然保护区管理事务中心启动了保护植物调查工作。受阴条岭保护区委托，重庆自然博物馆承担了该项调查工作，我有幸作为负责人，组织专业技术人员成立项目组开展了为期 3 年的调查。调查对象包括列入《国家重点保护野生植物名录》（2021），《重庆市重点保护野生植物名录》（2023），《中国生物多样性红色名录——高等植物卷（2020）》中的极危（CR）、濒危（EN）和易危（VU），《濒危野生动植物种国际贸易公约》附录（2019）中的物种。项目组在整理野外调查资料基础上，结合以前的研究工作，编制了《阴条岭保护植物图鉴》，其编排体例及使用说明如下：

第一，本图鉴共记录保护植物 100 种（未重复统计），附有照片 1000 余张，其中列入《国家重点保护野生植物名录》47 种、《重庆市重点保护野生植物名录》22 种、《中国生物多样性红色名录——高等植物卷（2020）》49 种、《濒危野生动植物种国际贸易公约》附录 27 种。以上保护植物中包括项目组已发表的新种 2 个，重庆市新记录属 1 个和新记录种 5 个。

第二，物种按照最新分子系统学研究成果进行编排：石松和蕨类植物采用 Christenhusz 系统（2011），裸子植物采用杨永裸子植物系统（2022），被子植物采用 APG Ⅳ系统（2016），其中重楼属采用纪运恒研究员的专著（2021）；后面附有保护植物中文名、俗名和拉丁学名索引，方便查阅。

第三，每个物种按照中文名、科属、学名、级别（指保护级别）、生活型、根、茎、叶、繁殖器官（孢子囊和孢子，花、果实和种子）、生境分布的顺序介绍，并呈现相应的照片。

第四，保护植物级别简称如下：《国家重点保护野生植物名录》中的物种简称为“国家Ⅰ级或国家Ⅱ级”，《重庆市重点保护野生植物名录》中的物种简称为“重庆市级”，《中国生物多样性红色名录——高等植物卷（2020）》中的物种简称为“红色名录极危（CR）、红色名录濒危（EN）或红色名录易危（VU）”，《濒危野生动植物种国际贸易公约》中的物种简称为“CITES 附录Ⅰ、CITES 附录Ⅱ或 CITES 附录Ⅲ”；物种级别按以上顺序排列。

本图鉴的出版得到了重庆阴条岭国家级自然保护区、重庆自然博物馆、重庆市野生动植物保护协会等单位的关心和支持；何海、易思荣、唐安军、刘翔、孟德昌、王浥尘等提供了部分物种照片；邓洪平、何海、金效华、纪运恒、易思荣、刘翔等专家对部分物种进行了审校并提出了宝贵意见和建议。在此谨向他们致以诚挚的谢意，并向为本图鉴出版做出积极努力的有关人员表示衷心感谢。

限于时间和业务水平有限，错漏之处在所难免，敬请批评指正。

重庆自然博物馆

陈锋

2023 年 6 月

目　录

第一部分　保护植物概述

第二部分　重庆阴条岭保护植物

石松类和蕨类植物

裸子植物

被子植物

第一部分

保护植物概述

保护植物是指原生地天然生长的，具有重要经济、科研、生态、文化等用途，由于自然或人为原因，受到严重威胁，分布局限、生境特殊、数量十分稀少的植物。

保护植物的意义

保护植物具有重要的生态、科研和经济价值，是国家重要并且不可替代的野生种质资源，同时也是易受威胁的类群，减少或灭绝无疑会造成无形的财富流失。因此，保护它们有助于延缓物种灭绝、维护生态平衡、保存资源、促进生态可持续发展，对我国生物多样性保护具有极为重要的意义。

生态价值

作为生态系统的一部分，对整个生态环境的可持续发展十分重要。比如，润楠［*Machilus nanmu*（Oliv.）Hemsl.］、楠木（*Phoebe zhennan* S. K. Lee & F. N. Wei）是亚热带常绿阔叶林的重要树种。

重庆阴条岭亚热带常绿阔叶林

科研价值

珙桐（*Davidia involucrata* Baill.）、水青树（*Tetracentron sinense* Oliv.）、连香树（*Cercidiphyllum japonicum* Siebold & Zucc.）等是我国特产的活化石植物，是研究古气候、古地理环境、植物系统和演化方面的重要证据和材料，具有很高的学术研究价值。

经济价值

太白贝母（*Fritillaria taipaiensis* P. Y. Li）、天麻（*Gastrodia elata* Blume）、黄连（*Coptis chinensis* Franch.）等是名贵的地道中药材；楠木（*Phoebe zhennan* S. K. Lee & F. N. Wei）是重要的材用植物；兰科植物具有非常高的观赏价值。

保护植物的类别

保护植物在空间尺度上可分为国际、国家和地方三个层次。各层级的保护植物通常都有其对应的参考名录，比如《濒危野生动植物物种国际贸易公约》附录中的物种（2019）、《世界自然保护联盟濒危物种红色名录》（2021）属于国际层级保护植物名录；《中国生物多样性红色名录——高等植物卷（2020）》（2023）、《国家重点保护野生植物名录》（2021）属于国家层级保护植物名录；《重庆市重点保护野生植物名录》（2023）属于地方层级保护植物名录。

国家重点保护野生植物名录

国家重点保护野生植物是指受国家法律重点保护的野生植物。1999 年 8 月 4 日，《国家重点保护野生植物名录（第一批）》由国务院正式批准实施，该名录包括植物 419 种和 13 类，其中 I 级保护的 67 种和 4 类，II 级保护的 352 种和 9 类。《名录》实施至今已有 20 余年，大部分物种得到了有效保护，濒危程度得以缓解的同时，仍有不少具有重大经济价值且资源破坏严重的种类未列入名录中，得到有效保护。因此，国家林业和草原局、农业农村部组织相关部门和专家对《名录》进行了科学调整。经国务院批准，2021 年 9 月 7 日，新版《国家重点保护野生植物名录》正式向社会公布。

新版《名录》共列入国家重点保护野生植物 455 种和 40 类，其中国家 I 级保护的 54 种和 4 类，国家 II 级保护的 401 种和 36 类。

重庆市重点保护野生植物名录

国家保护植物名录面向的对象是国家层面的，地方有区域特色的保护植物并没有完全纳入。比如，重庆市特有珍稀濒危植物川东灯台报春（*Primula mallophylla* Balf. f.）、墨泡（*Styrax huanus* Rehd.）没有纳入《国家重点保护野生植物名录》（2021）。因此，制定地方保护植物名录可以弥补国家保护植物名录的不足，非常有必要。2015 年，重庆市人民政府发布了《重庆市重点保护野生植物名录（第一批）》（渝府发〔2015〕7 号），包括 29 科 46 种。2023 年 1 月，再次发布了修订后的《重庆市重点保护野生植物名录》（渝林规范〔2023〕2 号），包括 33 科 69 种。

IUCN 红色名录

《世界自然保护联盟濒危物种红色名录》（Red List of Endangered Species）：由物种存续委员会（SSC）及几个物种评估机构合作编制。IUCN 濒危物种红色名录是基于物种过去、现在和将来（预期）的威胁因子来评估物种的灭绝风险，并把物种置于相应濒危等级的系统。评估依据包括种群大小及变动趋势、成熟个体数量以及种群分布面积等影响种群生存的各项因素。名录包括绝灭（EX）、野外灭绝（EW）、极危（CR）、濒危（EN）、易危（VU）、近危（NT）、无危（LC）、数据缺乏（DD）、未评估（NE）9 个等级。红色名录等级中，极危（CR）、濒危（EN）和易危（VU）三个等级物种为受威胁物种，是红色名录中最受关注的类群，也是优先保护的重点对象。

2008 年，生态环境部（原环境保护部）联合中国科学院启动了《中国生物多样性红色名录》的编制工作。中国红色名录评估专家组严格按照 IUCN 红色名录方法和工作流程，对我国 34450 种高等植物进行了评估，并于 2013 年 9 月发布。2023 年 5 月，再次更新并发布了《中国生物多样性红色名录——高等植物卷（2020）》。本次评估高等植物 39330 种，较上一次增加 4880 种，其中灭绝（EX）15 种，野外灭绝（EW）6 种，地区灭绝（RE）1 种，极危（CR）602 种，濒危（EN）1365 种，易危（VU）2121 种，近危（NT）2875 种，无危（LC）27593 种，数据缺乏（DD）4752 种。

红色名录自发布以来受到国内外广泛重视，成为我国政府履行国际协议、开展生物多样性保护空缺分析和制定保护对策的重要科学依据。

CITES 名录

CITES（Convention on International Trade in Endangered Species of Wild Fauna and Flora）中文名为《濒危野生动植物物种国际贸易公约》是 1975 年时正式执行的一份国际协约。目的主要是通过对野生动植物出口与进口限制，确保野生动物与植物的国际交易行为不会危害到物种本身的延续。

CITES 公约中的保护物种多以有较大经济价值、药用价值、观赏价值的种类为主，并不是完全禁止野生动植物的国际贸易，而是以分级管制、依需要核发许可的理念来处理相关的事务。收录在公约中的物种包含了大约 5000 种的动物与 28000 种的植物，并且被分列入三个等级的附录，即附录Ⅰ、附录Ⅱ、附录Ⅲ。

保护植物列入原则

综述上述保护植物名录制定标准，参考鲁兆莉关于《国家重点保护野生植物名录》列入原则，保护植物应满足如下原则中的一至多条：

1. 植株及其自然种群极少、分布范围极窄而处于极度濒危的物种，如川东灯台报春（*Primula mallophylla* Balf. f.）、篦子三尖杉（*Cephalotaxus oliveri* Mast.）等；

2. 在传统文化及科研中具有重要作用的珍稀濒危物种，如八角莲［*Dysosma versipellis*（Hance）M. Cheng ex T. S. Ying］、珙桐（*Davidia involucrata* Baill.）、鹅掌楸［*Liriodendron chinense*（Hemsl.）Sarg.］等；

3. 重要作物的野生种群和有重要遗传价值的近缘种，如野大豆（*Glycine soja* Siebold & Zucc.）、稻（*Oryza sativa* L.）、宜昌橙（*Citrus cavaleriei* H. Lév. ex Cavalerie）是重要作物的野生种群，保留了重要的遗传资源；

4. 因有重要经济价值而过度开发利用，致使野生种群及其资源急剧减少，生存受到威胁或严重威胁的物种。比如黄连（*Coptis chinensis* Franch.）、重楼（*Paris* spp.）、天麻（*Gastrodia elata* Blume）等；

5. 在维持（特殊）生态系统功能中具有重要作用的珍稀濒危物种，如巴山冷杉（*Abies fargesii* Franch.）、香果树（*Emmenopterys henryi* Oliv.）、润楠［*Machilus nanmu*（Oliv.）Hemsl.］等。

第二部分

重庆阴条岭保护植物

本图鉴共收录保护植物 100 种（未重复统计），其中国家级保护植物 47 种，重庆市级保护植物 22 种，红色名录保护植物 49 种，CITES 名录保护植物 27 种。

石松类和蕨类植物

LYCOPHYTES AND FERNS

01 长柄石杉（蛇足石杉、千层塔）

【科属】石松科 Lycopodiaceae 石杉属 *Huperzia*

【学名】*Huperzia javanica*（Sw.）Fraser–Jenk.

【级别】国家Ⅱ级

【生活型】多年生土生植物，植株高达 20 cm。

生境

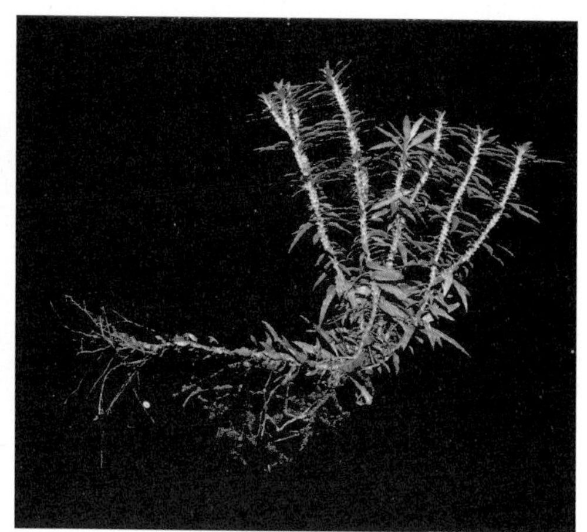

植株

【根】根纤细，多数，生长于直立地下茎上。

【茎】茎直立或斜生，二至四回二叉分枝。

地下茎和根

【叶】叶螺旋状排列，疏生，狭椭圆形，长达 3.5 cm，宽达 5 mm；基部楔形，下延有柄，先端急尖或渐尖，边缘平直，有不整齐的尖齿。

叶

【孢子囊】孢子叶与不育叶同形；孢子囊生于孢子叶的叶腋，两端露出，肾形，黄色。

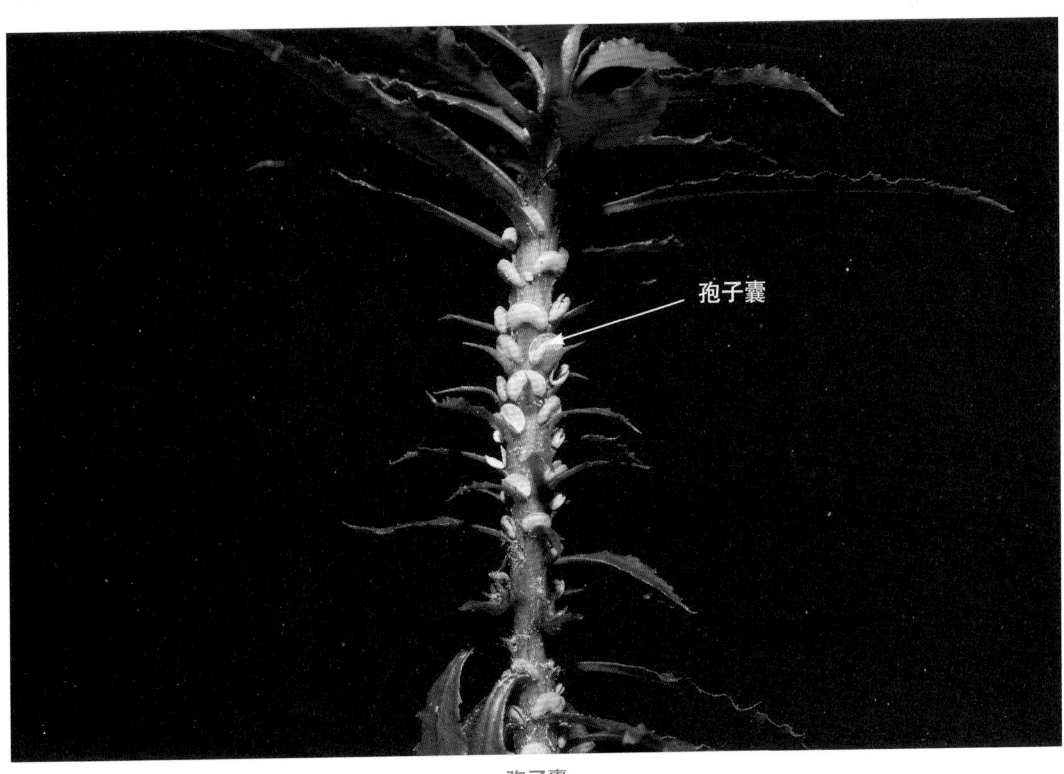

孢子囊

【生境分布】除西北地区部分省区、华北地区外，广布于我国海拔 300 ~ 2700 m 的阴湿林下；阴条岭保护区分布于兰英、西安村、蛇梁子、鬼门关等地海拔 1200 ~ 2100 m 的阴湿林下。

石松类和蕨类植物

02 松叶蕨（松叶兰、地刷子）

【科属】松叶蕨科 Psilotaceae 松叶蕨属 *Psilotum*

【学名】*Psilotum nudum*（L.）P. Beauv.

【级别】红色名录易危（VU）

【生活型】小型蕨类植物，附生于树干或石壁上，高达 20 cm。

生境

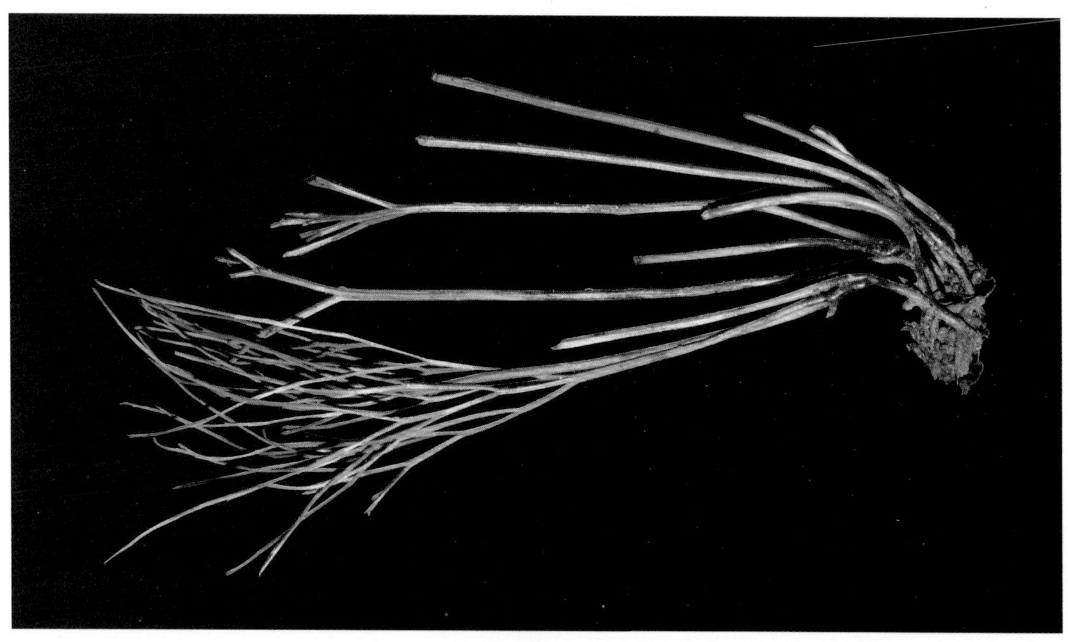

植株

【茎】根状茎横走，圆柱形，褐色，具二叉分枝假根；地上茎直立，绿色，上部多回二叉分枝，枝三棱形。

根状茎和假根

【叶】叶小型，散生，二型；不育叶鳞片状三角形，无脉，先端尖，草质；孢子叶二叉形。

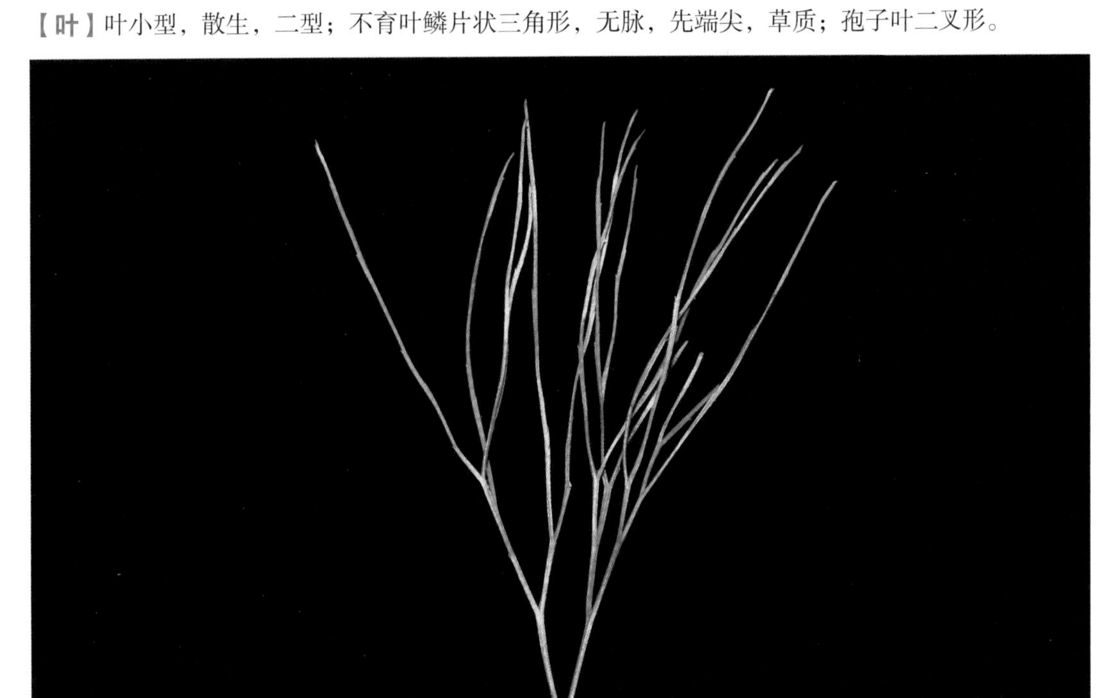

枝和叶

石松类和蕨类植物

【孢子囊及孢子】孢子囊单生在孢子叶腋，球形，2瓣纵裂，常3个融合为三角形的聚囊，黄褐色；孢子肾形。

孢子囊

【生境分布】分布于我国西南至东南部；阴条岭保护区分布于兰英、林口子、红旗等地海拔800 ~ 1400 m的地区，常附生于石壁或树干上。

03 心叶瓶尔小草

【科属】瓶尔小草科 Ophioglossaceae 瓶尔小草属 *Ophioglossum*

【学名】*Ophioglossum reticulatum* L.

【级别】重庆市级

【生活型】多年生土生植物，植株高约 35 cm。

生境

植株

【根】肉质粗根生长在短的根状茎上。

【茎】根状茎短而直立。

根状茎

【叶】叶单生，二型；营养叶从根状茎顶部发出，卵圆形，长 3 ~ 6 cm，宽 3 ~ 5 cm，先端具圆或钝头，基部深心脏形，有短柄，网状脉明显；孢子叶从营养叶叶柄基部生出，长 8 ~ 14 cm。

叶（正面观）

叶（反面观）

孢子囊穗（未成熟）

【孢子囊】孢子囊穗线形，长 2.2 ~ 3.5 cm；孢子囊扁球形。

【生境分布】分布于长江流域及以南区域；阴条岭保护区分布于击鼓坪、转坪等地海拔 1600 ~ 2000 m 阴湿林下。

04 瓶尔小草（一支箭）

【科属】瓶尔小草科 Ophioglossaceae 瓶尔小草属 *Ophioglossum*

【学名】*Ophioglossum vulgatum* L.

【级别】重庆市级

【生活型】多年生土生植物，植株高约 20 cm。

生境

【根】肉质粗根成簇生长在短的根状茎上。

【茎】根状茎短而直立。

植株

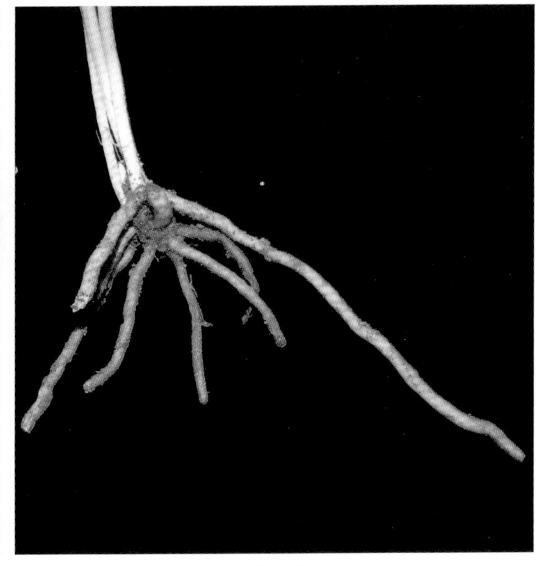

根状茎

【**叶**】叶常单生，二型；营养叶从根状茎顶部发出，卵状长圆形，长 3 ~ 6 cm，宽 1 ~ 2 cm，先端具钝圆或急尖，基部楔形稍下延，叶脉网状；孢子叶有柄，从营养叶基部生出。

叶（从左至右：1、2 正面观；3、4 反面观）

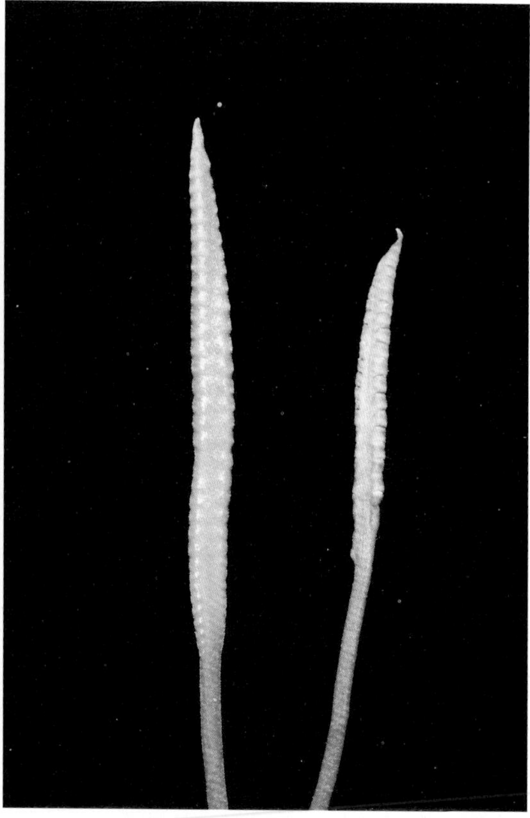
孢子囊穗（左未成熟，右成熟）

【**孢子囊**】孢子囊穗线形，长 2.5 ~ 3.5 cm，宽 2 mm；孢子囊扁球形。

【**生境分布**】分布于长江流域及以南区域；阴条岭保护区分布于兰英河谷海拔 800 ~ 1400 m 阴湿林下。

05 阴地蕨

【科属】瓶尔小草科 Ophioglossaceae 阴地蕨属 *Sceptridium*

【学名】*Sceptridium ternatum*（Thunb.）Lyon

【级别】重庆市级

【生活型】多年生土生草本植物，植株高约 15 cm。

植株及生境

【茎】根状茎短而直立，有一簇肉质根。

根状茎

【叶】叶二型；总叶柄长 1 ~ 3 cm，营养叶柄长 1.5 ~ 6 cm，叶片宽三角形，三回羽状分裂；三回羽片卵形，无柄，边缘密生不整齐细尖小锯齿；孢子叶有长柄，长 8 ~ 20 cm。

【孢子囊】孢子囊穗二至三回羽状分裂，分枝疏散；孢子囊圆球形，黄色。

叶

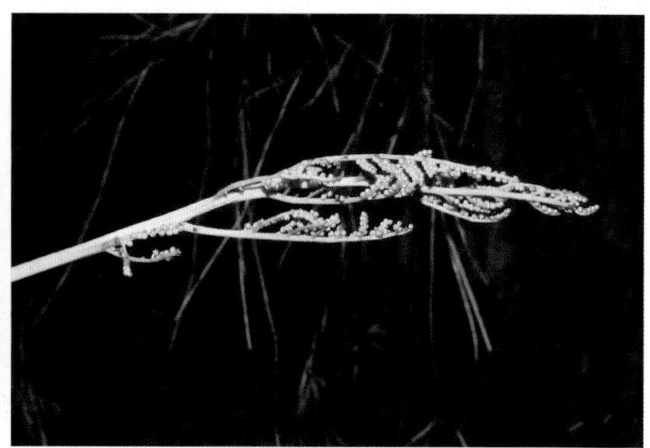

孢子囊穗

【生境分布】分布于长江流域及以南区域；阴条岭保护区分布于杨柳池等地海拔 1400 ~ 1800 m 阴湿林下。

裸子植物

GYMNOSPERMS

06 宽叶粗榧

【科属】三尖杉科 Cephalotaxaceae 三尖杉属 *Cephalotaxus*

【学名】*Cephalotaxus latifolia* W. C. Cheng & L. K. Fu ex L. K. Fu & R. R. Mill

【级别】重庆市级

【生活型】常绿小乔木，树高达 6 m。

生境

植株

茎

【茎】树皮灰色，小枝粗壮。

【枝叶】叶线形，排列成 2 列，长达 5 cm，宽约 5 mm，几无柄，先端通常急尖，叶边缘稍向下反卷，上面中脉明显，下面有 2 条白色气孔带。

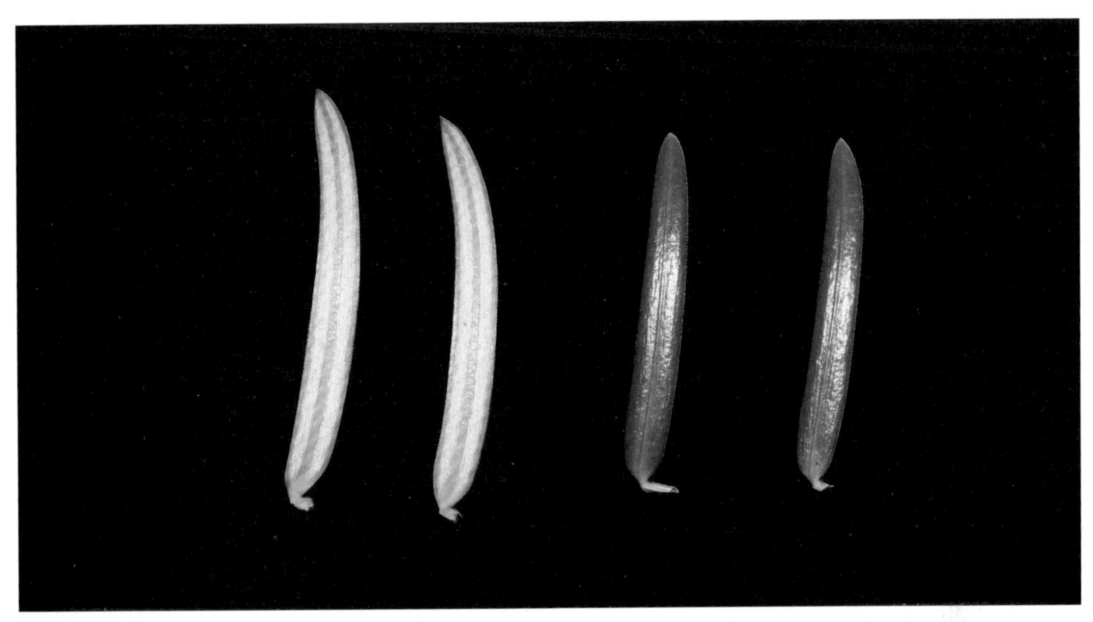

叶（左两片：反面观；右两片：正面观）

【球花】雌雄异株；雄球花聚生成头状花序，单生叶腋；雌球花具长梗，生于小枝基部苞片腋部。

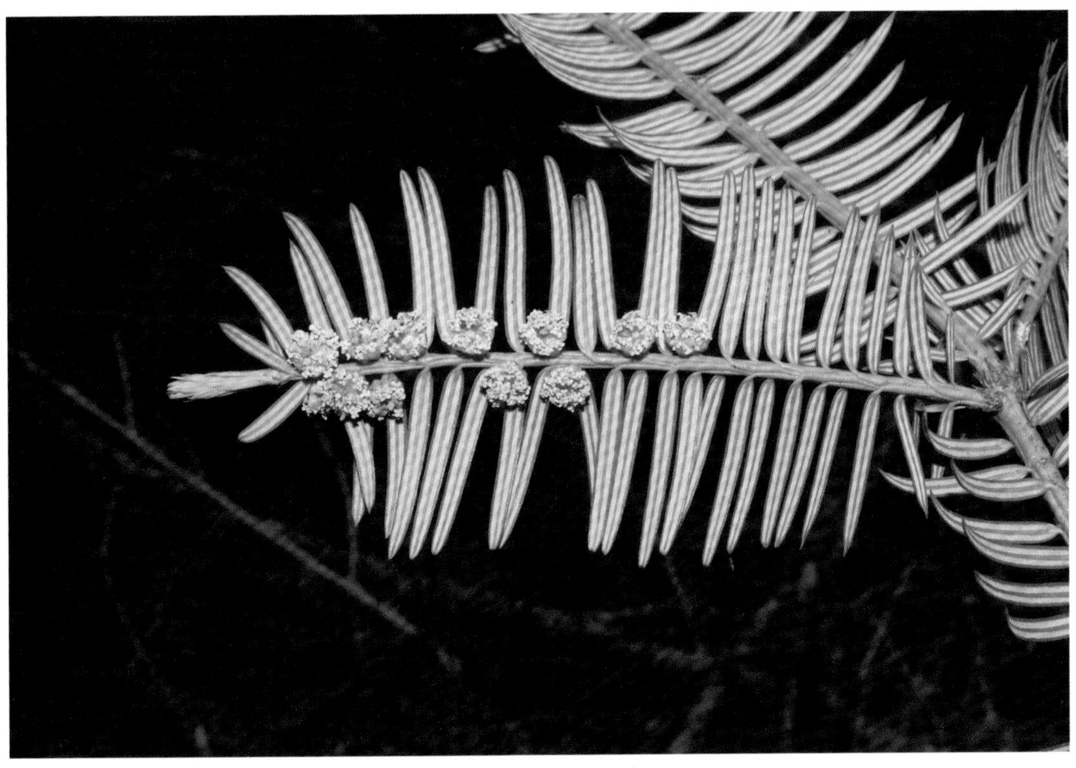

雄球花枝（成熟）

裸子植物

【**种子**】种子核果状，卵圆形。

种子枝（幼嫩）

种子枝（成熟）

种子解剖

【**物候**】花期 4—5 月，种子 10 月成熟。

【**生境分布**】我国特有植物，分布于贵州、重庆、湖北、广西、广东等地海拔 900 ~ 1900 m 区域；阴条岭保护区分布于官山杠口海拔 2100 ~ 2300 m 的山坡阔叶林下。

07 篦子三尖杉

【科属】三尖杉科 Cephalotaxaceae 三尖杉属 *Cephalotaxus*

【学名】*Cephalotaxus oliveri* Mast.

【级别】国家Ⅱ级，红色名录易危（VU）

【生活型】常绿小乔木，树高达 4 m。

生境

植株

裸子植物

【茎】树皮灰褐色。

【枝叶】叶线形，坚硬，紧密排成两列，通常中部以上向上方微弯，长约 2.5 cm，宽约 3 mm；基部心状截形，几无柄，先端凸尖，上面微拱圆，下面气孔带白色。

茎

枝叶（左：正面观；右：反面观）

【球花】雌雄异株；雄球花 6 ~ 7 个聚生成头状花序，基部及总梗上部有 10 余枚苞片；雌球花生于叶腋，胚珠通常 1 ~ 2 枚发育成种子。

雄球花枝（未成熟）

裸子植物

雄球花枝（成熟）

雄球花

【种子】倒卵圆形，顶端中央有小凸尖。

种子枝

种子及解剖

【物候】花期 4 月，种子 9 月成熟。

【生境分布】我国特有植物，分布于云南、贵州、四川、重庆、湖北、湖南、江西、广东等地海拔 300 ~ 1800 m 的区域；阴条岭保护区分布于兰英河谷海拔 400 m 的河谷两岸山坡。

08 穗花杉

【科属】红豆杉科 Taxaceae 穗花杉属 *Amentotaxus*

【学名】*Amentotaxus argotaenia*（Hance） Pilg.

【级别】国家Ⅱ级

【生活型】常绿小乔木，树高达 6 m。

生境

植株

茎

裸子植物

【茎】树皮灰褐色或淡红褐色，裂成片状脱落。

【枝叶】小枝斜展，近方形，一年生枝绿色，二、三年生枝绿黄色；叶基部扭转成2列，条状披针形，长3 ~ 11 cm，宽6 ~ 11 mm；先端尖或钝，基部渐窄，有极短的叶柄，边缘微向下曲，下面有2条与绿色边带等宽的白色气孔带。

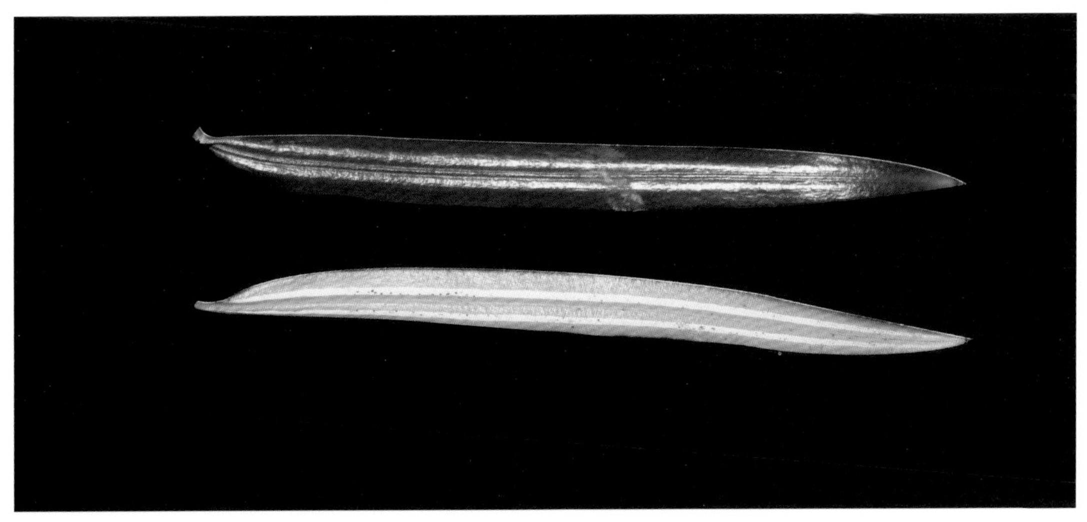

叶（上：正面观；下：反面观）

【球花】雌雄异株；雄球花2 ~ 4穗组成穗状花序，生于近枝顶苞片腋部，稍下垂；雄球花对生于穗上，无梗或几无梗，雄蕊有3 ~ 8个花药；雌球花单生于新枝苞片腋部，花梗长，扁四棱形或下部扁平，胚珠1个。

雄球花枝

裸子植物

【种子】种子柄长 1.3 cm，种子椭圆形，长 2 ~ 2.5 cm，径约 1.3 cm，假种皮熟时呈鲜红色。

种子枝（未成熟）

种子枝（成熟）

种子及解剖

【物候】花期 4—5 月，种子 10 月成熟。

【生境分布】我国特有植物，分布于西藏东南部、甘肃南部、四川东南部及中部、重庆南部和东北部、湖北西部及西南部、湖南、江西西北部、广西、广东等地溪谷两旁林下；阴条岭保护区分布于林口子、兰英等地海拔 800 ~ 1400 m 的河谷两侧阔叶林中。

09 红豆杉（红豆树）

【科属】红豆杉科 Taxaceae 红豆杉属 *Taxus*

【学名】*Taxus wallichiana* var. *chinensis*（Pilg.） Florin

【级别】国家Ⅰ级，红色名录易危（VU），CITES 附录Ⅱ

【生活型】常绿乔木，树高达 10 m。

【茎】树皮常为红褐色，裂成条片脱落。

植株及生境

茎

【枝叶】叶条形，微弯或较直，先端尖，基部扭转，在枝上排成 2 列；正面深绿色，有光泽，反面淡黄绿色，有 2 条气孔带。

枝叶（正面观）

枝叶（反面观）

【**球花**】雌雄异株，球花单生叶腋；雄球花淡黄色，雄蕊 8 ~ 14 枚；雌球花几无梗，基部有多数覆瓦状排列的苞片，上端 2 ~ 3 对苞片交叉对生，胚珠直立，基部托以圆盘状的珠托，受精后珠托发育成肉质、杯状、红色的假种皮。

雄球花枝

【**种子**】扁卵圆形，生于杯状假种皮中；假种皮成熟时呈红色肉质。

种子枝（未成熟）

种子枝（成熟）

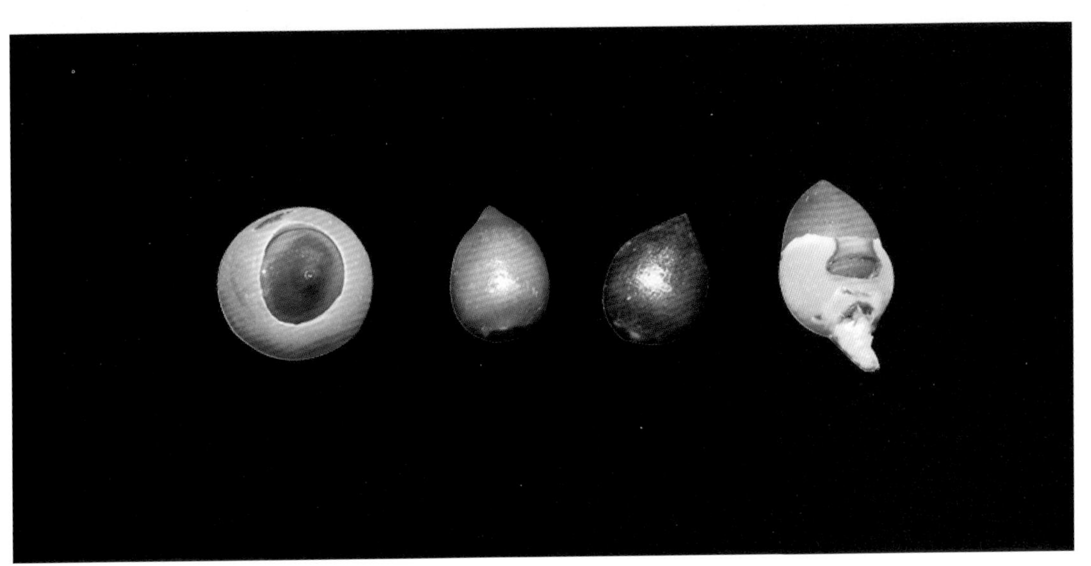

种子

【物候】花期 5 月，种子 10 月成熟。

【生境分布】我国特有植物，分布于甘肃、陕西、云南、贵州、四川、重庆、湖北、湖南、广西、安徽、福建、浙江等地；阴条岭保护区分布于林口子、红旗、官山、兰英、杨柳池、山王寨、骡马店、熊家屋场、蛇梁子、转坪、千子拔等地海拔 1200 m 以上的石灰岩山地。

10 南方红豆杉（杉公子）

【科属】红豆杉科 Taxaceae 红豆杉属 *Taxus*

【学名】*Taxus wallichiana* var. *mairei*（Lemée & H. Lév.）L. K. Fu & Nan Li

【级别】国家Ⅰ级，CITES 附录Ⅱ

南方红豆杉与红豆杉形态比较接近，主要区别在于其叶常较宽长，多呈弯镰状；叶片质地柔软，常分布在海拔 1200 m 以下地区。

植株及生境

茎

枝叶

叶（正面观）

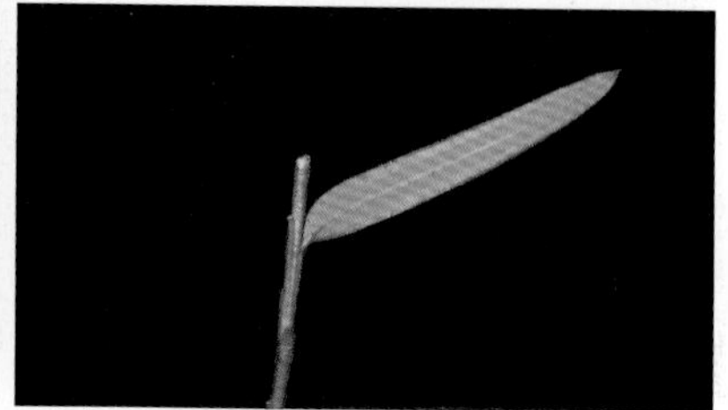

叶（反面观）

雄球花枝

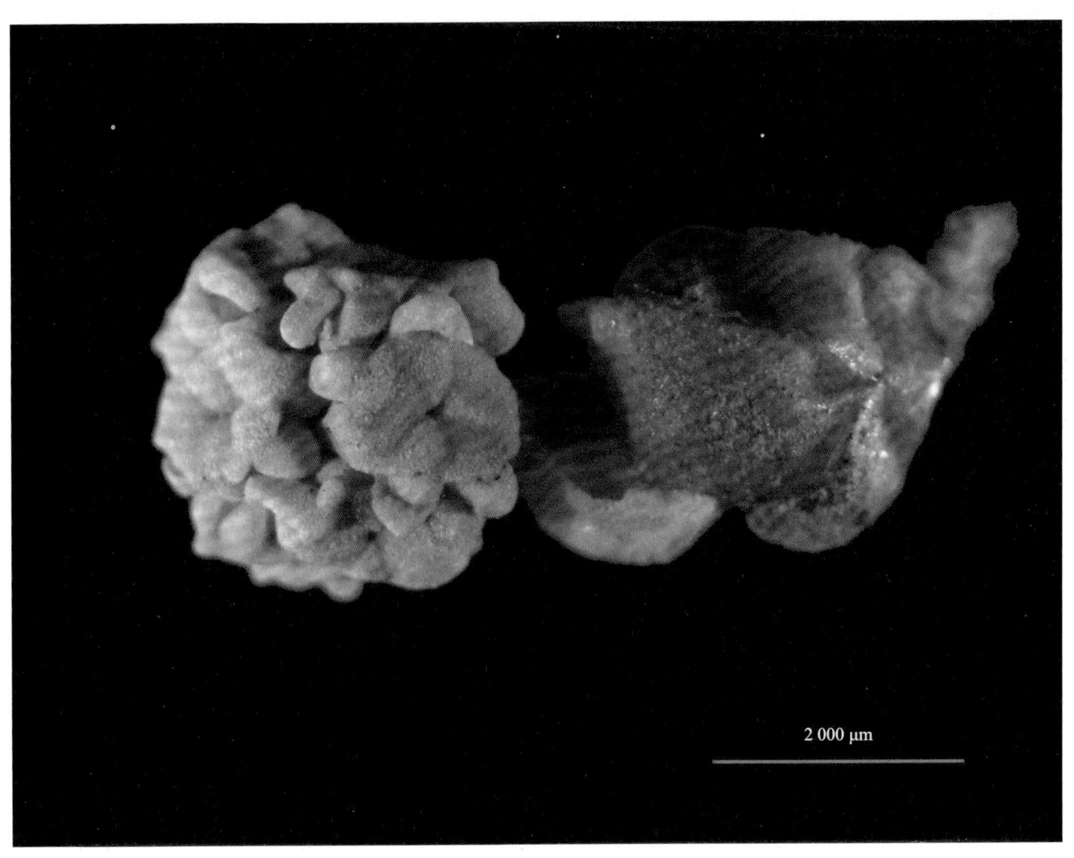

雄球花

裸子植物

【**种子**】扁卵圆形，生于杯状假种皮中；假种皮成熟时呈红色肉质。

种子枝（未成熟）

种子枝（成熟）

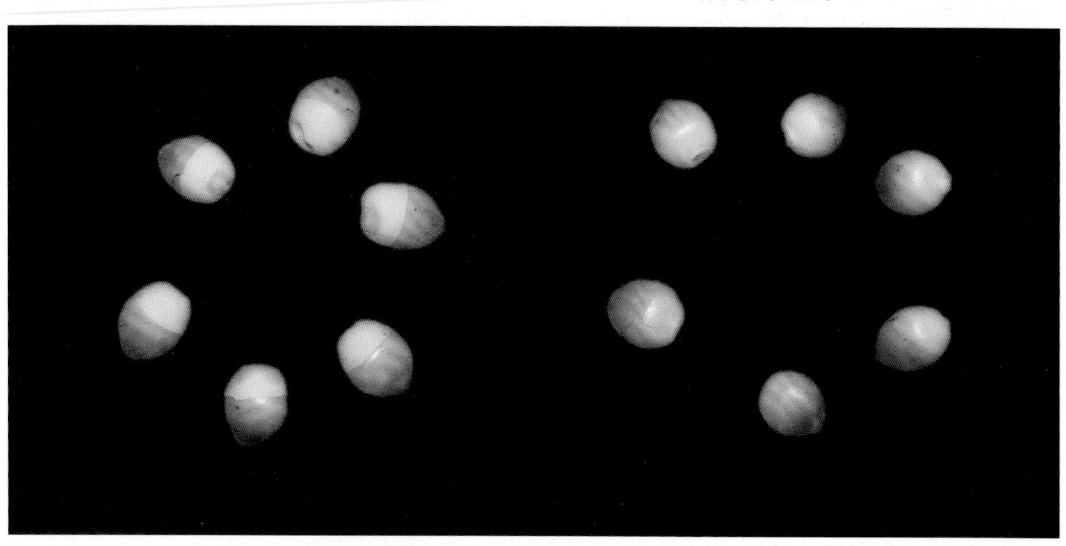
种子

【**物候**】花期 5 月，种子 10 月成熟。

【**生境分布**】我国特有植物，分布于甘肃、陕西、云南、贵州、四川、重庆、湖北、湖南、安徽、福建、浙江、广西、广东等地；阴条岭保护区分布于红旗、兰英等地海拔 1200 m 以下的石灰岩山地。

11 巴山榧树（篦子杉、紫柏、铁头枞）

【科属】红豆杉科 Taxaceae 榧属 *Torreya*

【学名】*Torreya fargesii* Franch.

【级别】国家Ⅱ级，红色名录易危（VU）

【生活型】常绿乔木，树高达 15 m。

【茎】树皮深灰色，不规则纵裂。

植株及生境

茎

【枝叶】一年生小枝绿色，二至三年生枝黄绿色；叶线状披针形，长 1.3 ~ 3 cm，宽 2 ~ 3 mm，先端具刺状短尖头，基部微偏斜，宽楔形；正面有 2 条较明显的凹槽，延伸达中部，反面中脉两侧各有 1 条褐色气孔带。

枝叶（正面观）

枝叶（反面观）

裸子植物

【**球花**】雌雄异株，球花单生叶腋；雄球花有短梗，雄蕊排列成 4 ~ 8 轮，每轮 4 枚；雌球花无梗，两个成对生于叶腋。

雄球花枝（花蕾）

雄球花枝（成熟）

裸子植物

【种子】种子卵圆形、圆球形或宽椭圆形，直径约 2 cm；肉质假种皮微被白粉，顶端具小凸尖，基部有宿存苞片；骨质种皮内壁平滑。

种子枝（正面观）

种子枝（反面观）

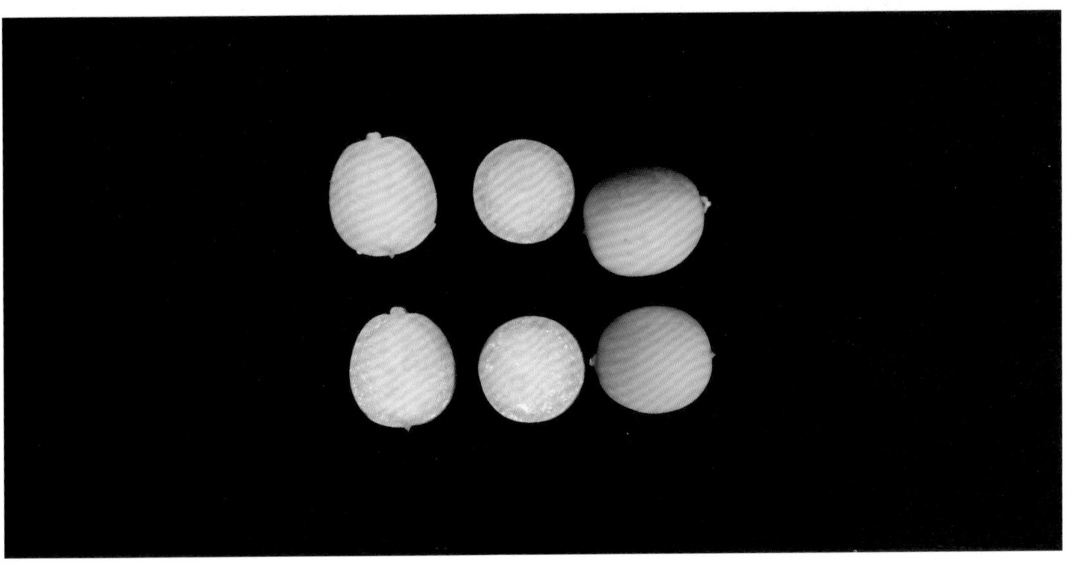

种子及解剖

【物候】花期 4—5 月，种子 10 月成熟。

【生境分布】我国特有植物，分布于陕西、江西、湖南、湖北、安徽、四川、重庆等地海拔 1200 ~ 1800 m 的阔叶林中；阴条岭保护区分布于林口子、击鼓坪、鬼门关、兰英、千子拔、熊家屋场、杨柳池、三墩子、黄草坪等地海拔 1400 ~ 2200 m 阔叶林中。

12 巴山冷杉

【科属】松科 Pinaceae 冷杉属 *Abies*

【学名】*Abies fargesii* Franch.

【级别】重庆市级

【生活型】常绿乔木，树高达 13 m。

生境

植株

茎

裸子植物

【茎】树皮暗灰或暗灰褐色，块状开裂。

【枝叶】一年生枝红褐色；叶条形，长达 3 cm，在枝上排成 2 列，正面深绿色，反面有 2 条白色气孔带；树脂管中生。

枝叶（正面观）

枝叶（反面观）

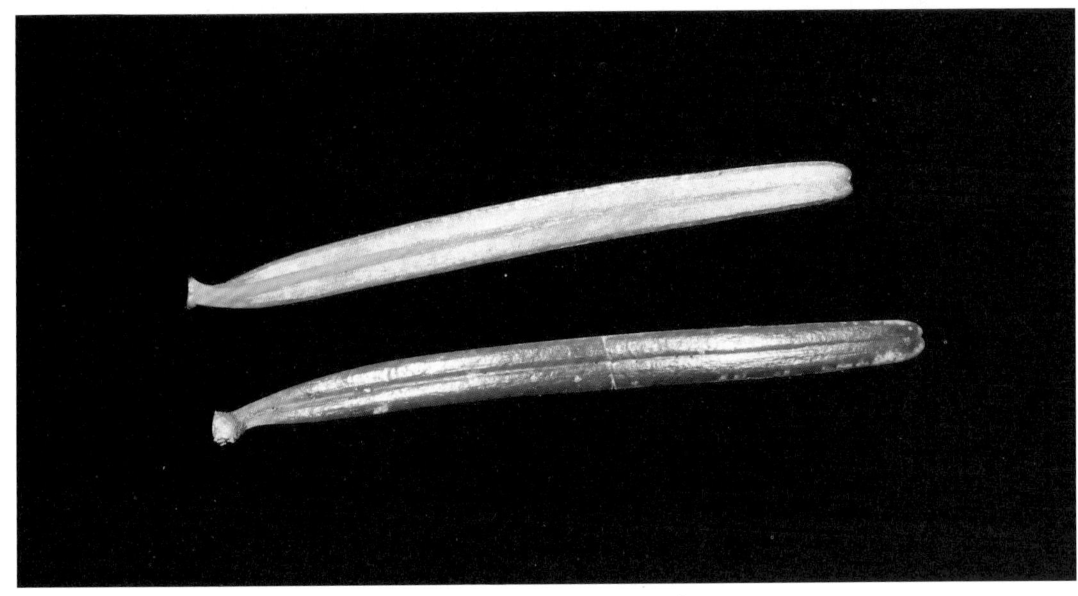

叶（上：反面观；下：正面观）

【**球花**】雌雄异株，球花单生于去年枝上叶腋；雄球花穗状圆柱形，下垂；雌球花直立，短圆柱形。

雄球花枝（未成熟）

雄球花枝（成熟）

【球果及种子】球果圆柱形，长达 6 cm，径 3 cm，紫黑色；中部种鳞扇状肾形，苞鳞倒卵状楔形，先端有短尖头；种子倒三角状卵圆形。

球果枝

球果

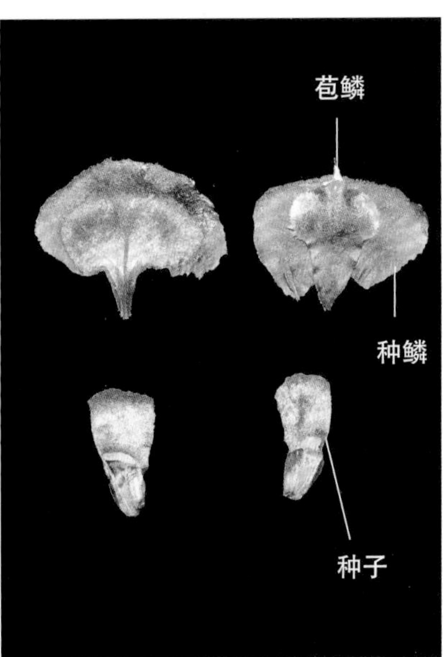

苞鳞、种鳞和种子

【物候】花期 4 月，球果 10 月成熟。

【生境分布】我国特有树种，分布于甘肃、陕西、重庆东北部、湖北西部等地海拔 1500 ~ 3700 m 的区域；阴条岭保护区分布于阴条岭、转坪、鹿子槽、兰英寨、大面坡、葱坪等地海拔 2200 ~ 2600 m 的亚高山。

13 巴山松

【科属】松科 Pinaceae 松属 *Pinus*

【学名】*Pinus henryi* Mast.

【级别】红色名录易危（VU）

【生活型】常绿乔木，树高达 15 m。

【茎】树皮灰褐色，纵裂。

【枝叶】一年生枝红褐色或黄褐色，被白粉；叶 2 针一束，偶见 3 针一束，长约 12 cm，先端微尖，叶鞘宿存。

生境

植株

茎

枝叶

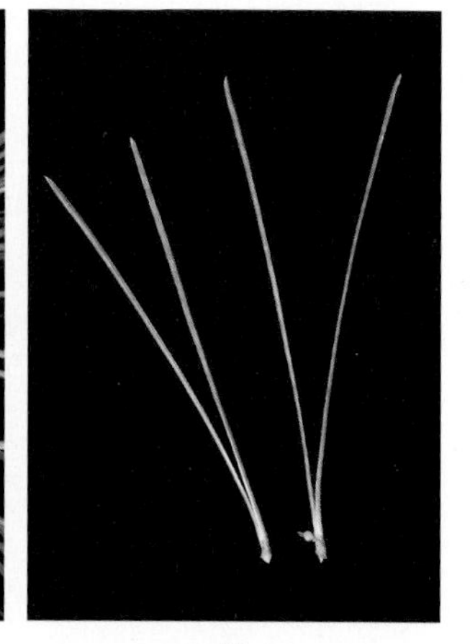

叶

【球花】花单性，雄球花圆筒形，聚生于新枝下部成短穗状；雌球花单生或2～3个生于新枝近顶端，直立，由多数螺旋状着生的珠鳞与苞鳞所组成，珠鳞的腹面基部有2枚倒生胚珠，背面基部有1个短小的苞鳞。

雄球花枝

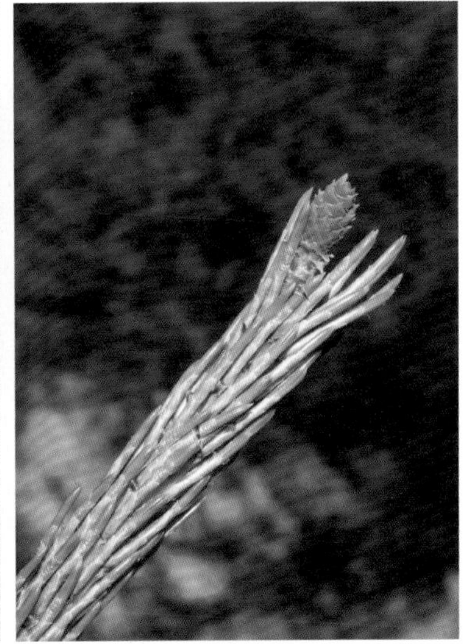

雌球花枝

【球果和种子】球果幼嫩时紫色，成熟时褐色，卵圆形，长约4 cm；种鳞鳞盾褐色，扁菱形，横脊显著，纵脊通常明显，鳞脐稍隆起，有短刺；种子椭圆状卵圆形。

球果枝（未成熟）

球果枝（成熟）

球果［左：幼嫩球果（侧面观）；中：成熟球果（反面观）；右：成熟球果（正面观）］

种鳞

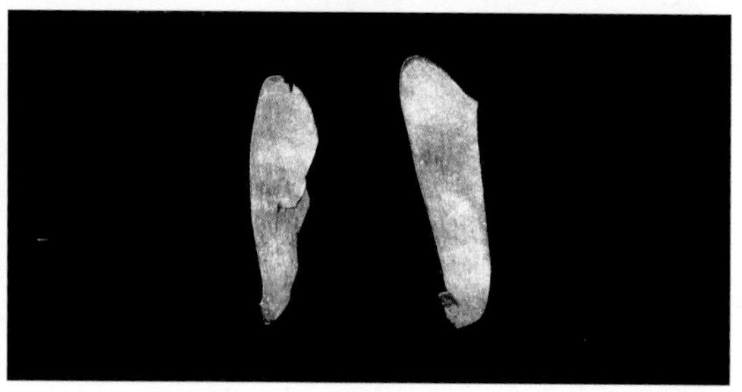

种子

【物候】花期5月，球果10月成熟。

【生境分布】我国特有树种，分布于四川东北部、陕西南部、重庆东部和湖北西部等地海拔1150 ~ 2000 m的区域；阴条岭保护区分布于龙洞湾、蛇梁子、击鼓坪等地海拔1500 ~ 1900 m的森林中。

14 大果青杆（大果青扦）

【科属】松科 Pinaceae 云杉属 *Picea*

【学名】*Picea neoveitchii* Mast.

【级别】国家Ⅱ级，红色名录易危（VU）

【生活型】落叶乔木，树高达 10 m。

【茎】树皮灰色，呈鳞状块片脱落。

植株及生境

茎

【枝叶】一年生枝淡黄色，二、三年生枝灰色；小枝上面之叶向上伸展，两侧及下面之叶向上弯伸；叶四棱状条形，两侧扁，长达 2.5 cm，先端锐尖，四边有气孔线。

枝叶

裸子植物

【球花】雌雄同株；雄球花 3 ~ 5 枚生于叶腋，长圆柱形；雌球花生于枝顶。

【球果和种子】球果长圆柱形，长约 12 cm，径约 5 cm，通常两端渐窄，熟前绿色，熟时淡褐色；种鳞宽，倒卵形。

雄球花枝

球果枝

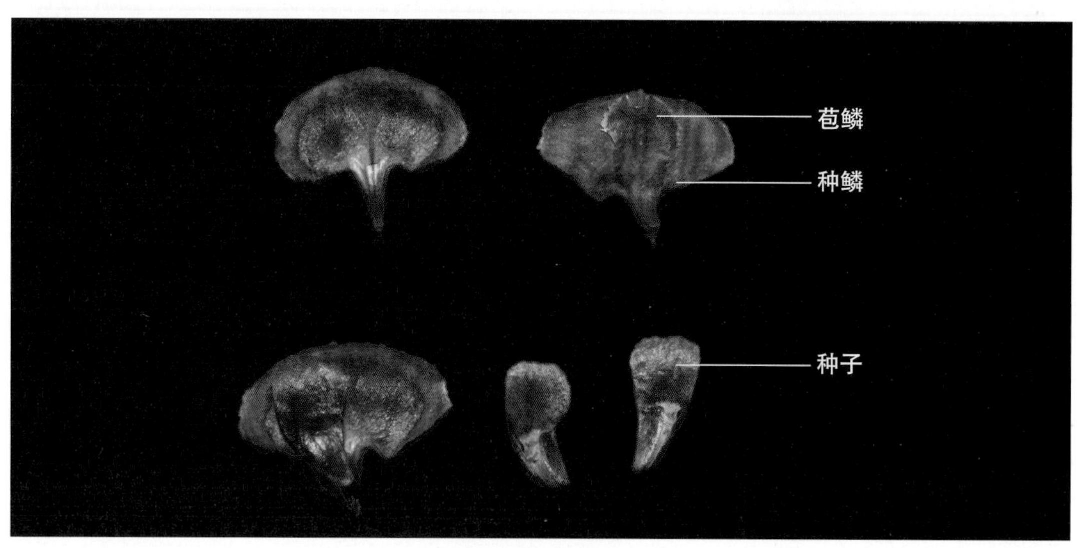

苞鳞、种鳞及种子

【物候】花期 4—5 月，球果 10 月成熟。

【生境分布】我国特有树种，分布于四川东北部、陕西南部、重庆东部和湖北西部等地海拔 1300 ~ 2350 m 的区域；阴条岭保护区分布于杨柳池工区海拔 2000 ~ 2300 m 的亚高山。

15 铁 杉

【科属】松科 Pinaceae 铁杉属 *Tsuga*

【学名】*Tsuga chinensis*（Franch.）E. Pritz.

【级别】重庆市级

【生活型】落叶乔木，树高达 18 m。

【茎】树皮暗灰褐色，成块状脱落。

植株及生境　　茎

【枝叶】一年生小枝细，淡黄色，二、三年生枝灰黄色；叶条形，排成 2 列，长约 2.2 cm，宽 3 mm，先端钝圆，有凹缺，正面光绿色，反面淡绿色，气孔带灰绿色。

枝叶（正面观）

枝叶（反面观）

【**球花**】雌雄同株；雄球花单生叶腋，椭圆形；雌球花单生于去年的侧枝顶端，具多数螺旋状着生的珠鳞及苞鳞，珠鳞的腹面基部具 2 枚胚珠。

【**球果和种子**】球果当年成熟，初直立后下垂，圆柱形，有短梗；种鳞薄木质，成熟后张开，苞鳞不露出；种子上部有膜质翅。

球果枝

成熟球果及种子

【**物候**】花期 4 月，球果 10 月成熟。

【**生境分布**】我国特有树种，分布于云南、四川、重庆、湖北、安徽、浙江、福建、江西、湖南、广东、广西等地海拔 600 ~ 2100 m 的区域；阴条岭保护区分布于鬼门关、蛇梁子、三墩子、骡马店、官山、杨柳池、红旗等地海拔 1400 ~ 1800 m 的森林中。

被子植物

ANGIOSPERMS

16 短尾细辛（接气草）

【科属】马兜铃科 Aristolochiaceae 细辛属 *Asarum*

【学名】*Asarum caudigerellum* C. Y. Cheng & C. S. Yang

【级别】红色名录易危（VU）

【生活型】多年生草本，高约 20 cm。

生境

植株

【根】根多数，纤细，着生在横走根状茎上。

【茎】根状茎横走，节间较长；地上茎斜升。

【叶】叶对生，叶片心形，长达 10 cm，宽达 8 cm，先端渐尖，基部心形；叶腹面深绿色，散生柔毛，脉上较密，叶背仅脉上有毛，叶缘两侧在中部常向内弯；叶柄长达 14 cm；芽苞叶阔卵形。

根状茎和根

叶（左：反面观；右：正面观）

【花】花单生叶腋，花梗直立；花被紫色，基部与子房合生，上部明显形成花被管；花被裂片 3 片，三角状卵形，被长柔毛，先端具长约 4 mm 的短尾尖，常内弯；雄蕊 12 枚，略长于花柱，药隔伸出成尖舌状；子房下位，具 6 纵棱，花柱合生，顶端辐射状 6 裂。

花（正面观）

花（侧面观）

【果及种子】蒴果浆果状，近球形，果皮革质；种子椭圆状卵形。

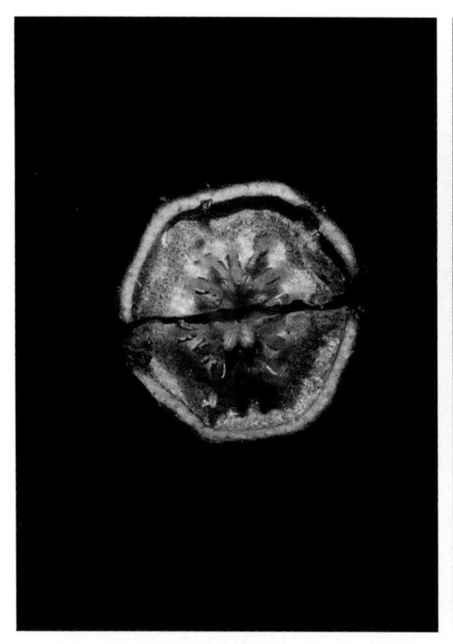
雄蕊和雌蕊

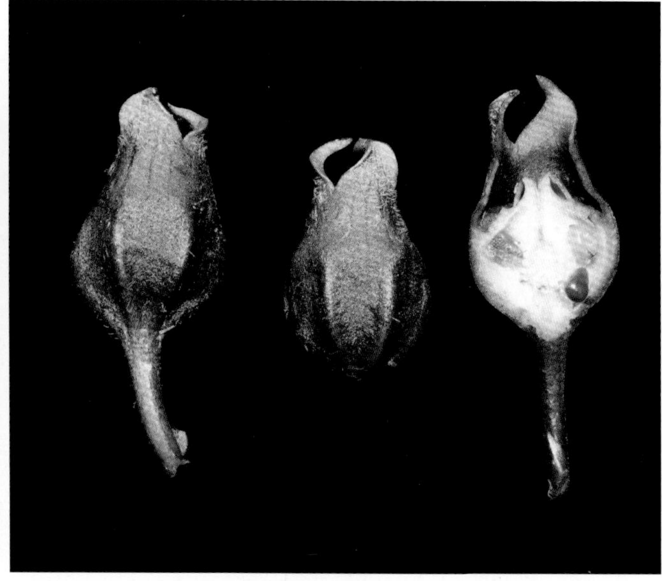
果实纵切

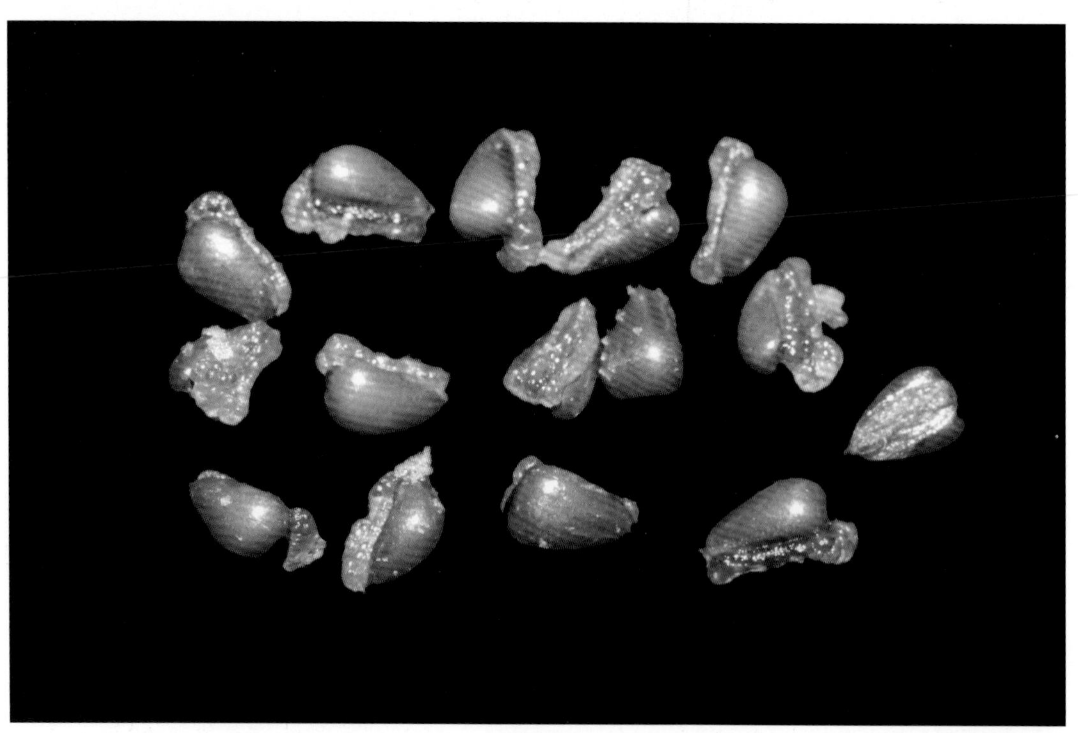
种子

【物候】花期5月，果期7—9月。

【生境分布】分布于云南东北部、贵州、四川、重庆、湖北西部等地海拔1600 ~ 2100 m林下阴湿地或水边岩石上；阴条岭保护区分布于兰英、击鼓坪、阴条岭等地1800 ~ 2000 m的林下、沟边。

17 单叶细辛（苕叶细辛、大乌金草）

【科属】马兜铃科 Aristolochiaceae 细辛属 *Asarum*

【学名】*Asarum himalaicum* Hook. f. & Thomson ex Klotzsch

【级别】红色名录易危（VU）

【生活型】多年生草本，高约 25 cm。

生境

植株

被子植物

【根】纤维根多条，纤细，着生在横走根状茎上。

【茎】根状茎横走，节间较长；地上茎斜升。

【枝叶】叶互生，疏离；叶片心形，长、宽达 10 cm，先端钝尖，基部心形；叶两面散生柔毛，叶缘的毛较长；叶柄长达 22 cm；芽苞叶卵圆形。

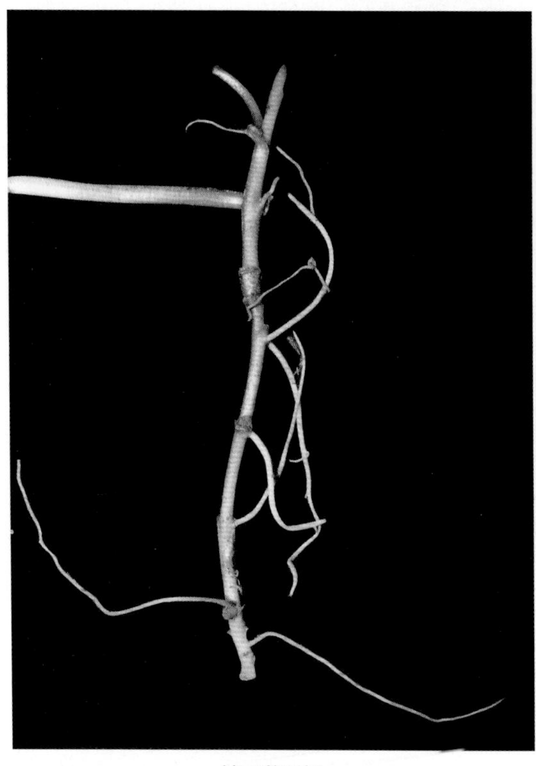

地下茎和根

叶（左：正面观；右：反面观）

【花】花淡红色，花梗细长，达 6 cm；花被 3 枚，基部与子房合生，上部形成花被管，裂片卵状三角形；花被片三角状卵形，上部外折；雄蕊 12 枚，雄蕊与花柱近等长，花丝比花药长约 2 倍，药隔伸出；子房半下位，具 6 纵棱，花柱合生，顶端辐射状 6 裂。

花（正面观）

花（侧面观）

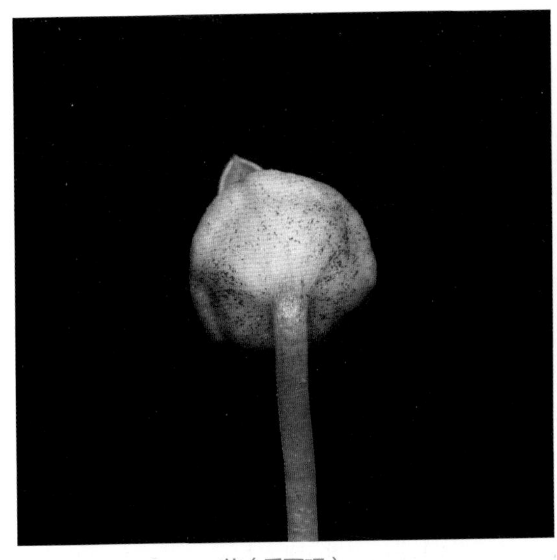
花（反面观）

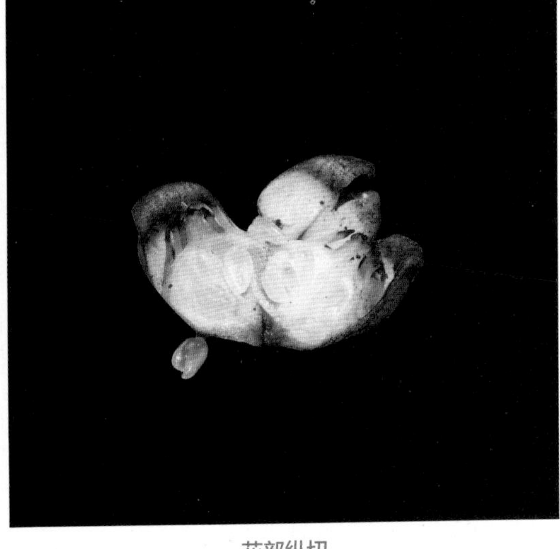
花部纵切

雄蕊和雌蕊

【果及种子】蒴果近球形；种子椭圆形。

【物候】花期 5—6 月，果期 7—9 月。

【生境分布】分布于甘肃、西藏、云南、贵州、陕西、四川、重庆、湖北等地海拔 1300 ~ 3100 m 溪边林下阴湿地；阴条岭保护区分布于转坪、阴条岭等地海拔 2100 ~ 2400 m 的阔叶林下。

18 汉城细辛（华细辛、细辛）

【科属】马兜铃科 Aristolochiaceae 细辛属 *Asarum*

【学名】*Asarum sieboldii* Miq.

【级别】红色名录易危（VU）

【生活型】多年生草本，高约 20 cm。

生境

植株

【根】须根多条，着生在近直立的根状茎上。

【茎】根状茎横走，节间短；地上茎斜升。

【枝叶】叶 2 枚对生，叶片卵状心形，长达 10 cm，宽达 8 cm，先端渐尖，基部深心形；叶面疏生短毛，脉上较密，叶背仅脉上有毛；叶柄长达 12 cm；芽苞叶肾圆形。

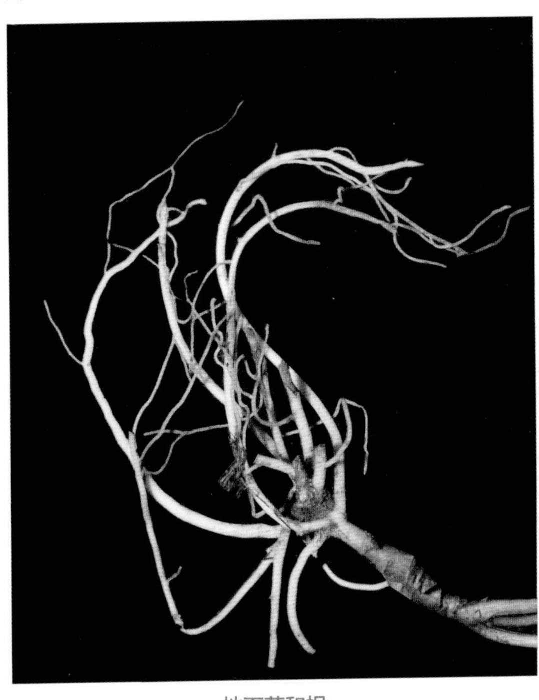

地下茎和根

叶（左：正面观；右：反面观）

【花】花单生叶腋，花梗直立；花被片紫黑色，基部与子房合生，上部形成钟状花被管；花被片 3 枚，三角状卵形，先端短尾尖，常反折，内壁有疏离纵行脊皱；雄蕊 12 枚，着生于子房中部，花丝与花药近等长，药隔突出；子房半下位，球状，花柱 6，顶端 2 裂，柱头侧生。

花（正面观）

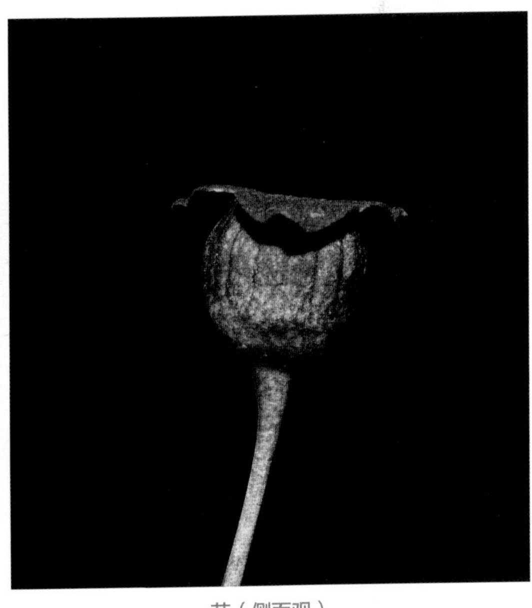

花（侧面观）

【果及种子】蒴果近球状；种子倒卵形。

花（反面观）

果、宿存花被片及种子

【物候】花期 5—6 月，果期 7—9 月。

【生境分布】分布于四川、陕西、重庆、湖北、江西、山东、安徽、浙江、河南等地海拔 1200 ~ 2500 m 林下阴湿腐殖土中；阴条岭保护区分布于转坪、阴条岭等地海拔 2100 ~ 2400 m 的阔叶林下石灰岩壁上。

19 马蹄香

【科属】马兜铃科 Aristolochiaceae 马蹄香属 *Saruma*

【学名】*Saruma henryi* Oliv.

【级别】国家Ⅱ级，红色名录濒危（EN）

【生活型】多年生草本，植株高约 50 cm。

【根】须根多数，细长，位于根状茎上。

【茎】根状茎粗壮；地上茎直立，被灰棕色短柔毛。

生境

植株

根状茎和根

【枝叶】叶心形，被柔毛，长达 12 cm，顶端短渐尖，基部心形；叶柄长达 10 cm。

幼嫩枝叶

叶（左：正面观；右：反面观）

被子植物

【花】花单生，花梗长达 4 cm；萼片 3 枚，绿色、心形；花瓣 3 枚，黄绿色，肾心形，基部耳状心形，有爪；雄蕊 12 枚，排成 2 轮；心皮大部分离生，柱头细小。

花（正面观）

花（反面观）

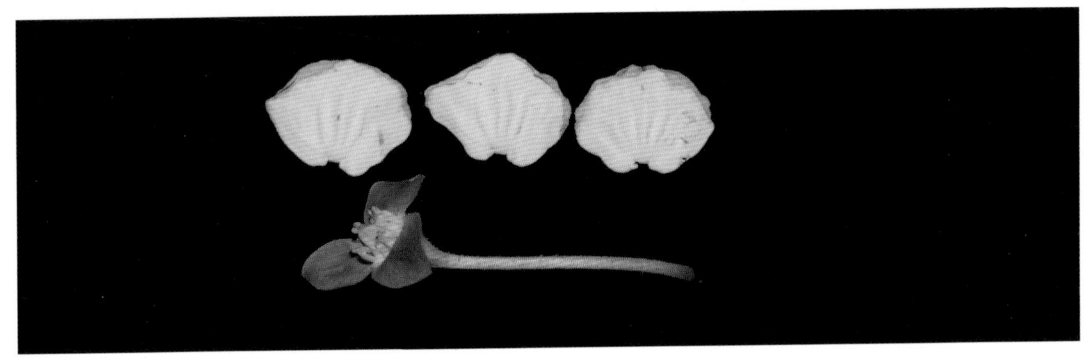
花部解剖

【果及种子】蓇果蓇葖状，成熟时沿腹缝线开裂；种子三角状倒锥形，背面有细密横纹。

果（正面观）

果（侧面观）

【物候】花期 4—7 月，果期 8—10 月。

【生境分布】我国特有植物，分布于甘肃、陕西、四川、贵州、重庆、湖北、河南、江西等地海拔 600 ~ 1600 m 的山谷林下和沟边草丛中；阴条岭保护区分布于林口子、龙洞湾、兰英、红旗等地海拔 1100 ~ 1600 m 的林下路边或沟边。

被子植物

20 厚朴（凹叶厚朴）

【科属】木兰科 Magnoliaceae 厚朴属 *Houpoea*

【学名】*Houpoea officinalis*（Rehder & E. H. Wilson）N. H. Xia & C. Y. Wu［*Magnolia officinalis* subsp. *biloba*（Rehder & E. H. Wilson）Y. W. Law］

【级别】国家Ⅱ级

【生活型】落叶乔木，树高达 10 m。

【茎】茎灰褐色。

植株

茎

【枝叶】小枝粗壮，茎上有托叶痕；叶近革质，聚生于枝端；长圆状倒卵形，长达 30 cm，宽达 20 cm，先端圆钝或凹缺，基部楔形，全缘而微波状；正面绿色，反面灰绿色，有白粉；叶柄粗壮，长达 3 cm。

枝叶

叶（上：反面观；下：正面观）

【花】花大型，单生枝顶，芳香，外被褐色苞片；花梗粗短，花被片厚肉质，12 枚；外轮 3 片淡绿色，长圆状倒卵形，盛开时常向外反卷；内轮白色，倒卵状匙形，基部具爪，花盛开时直立；雄蕊多数，花药内向开裂，基部红色；雌蕊群椭圆状卵圆形。

花枝

花蕾

花（正面观）

花（侧面观）

雄蕊和雌蕊

被子植物

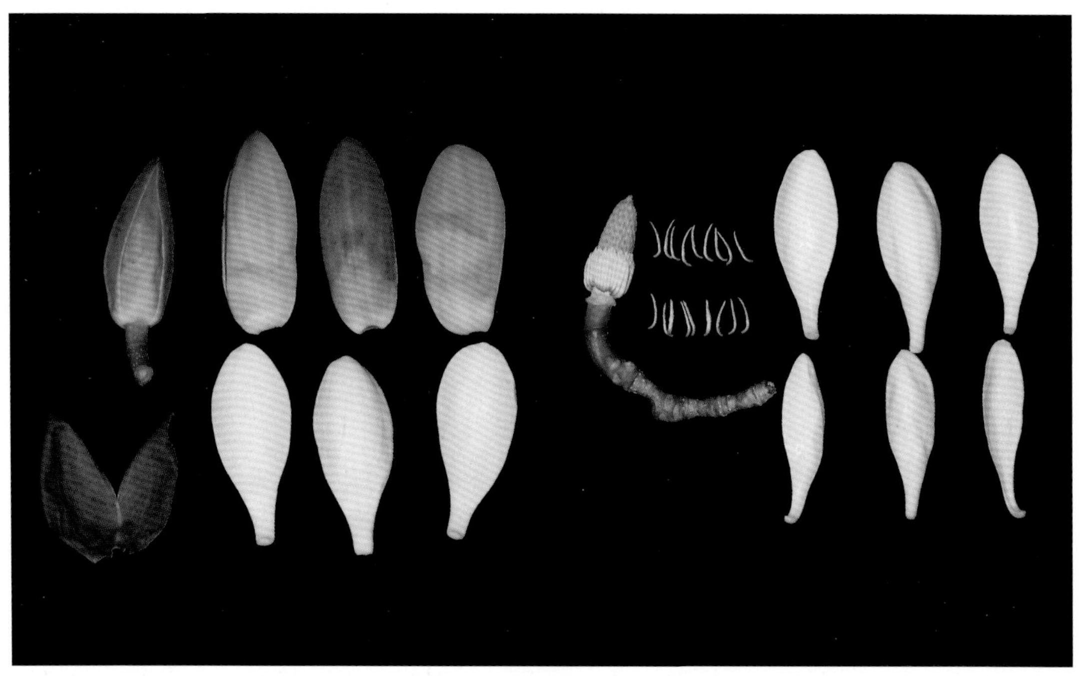
花部解剖

【果及种子】聚合果长圆状卵圆形，长达 12 cm；蓇葖果具长 3 mm 的喙；种子三角状倒卵形。

果枝

被子植物

聚合蓇葖果

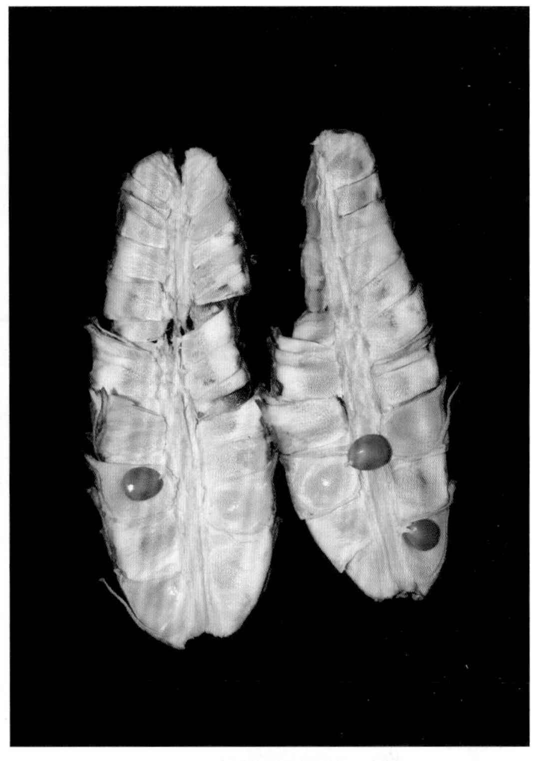

聚合蓇葖果纵剖

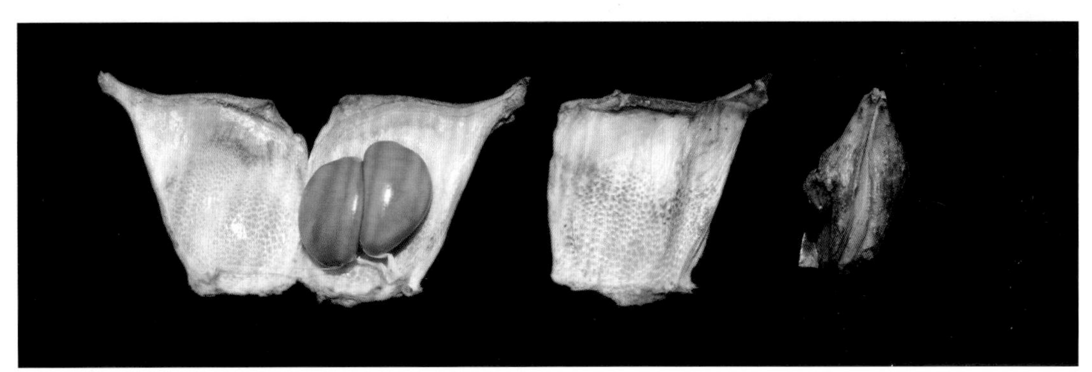

果及种子

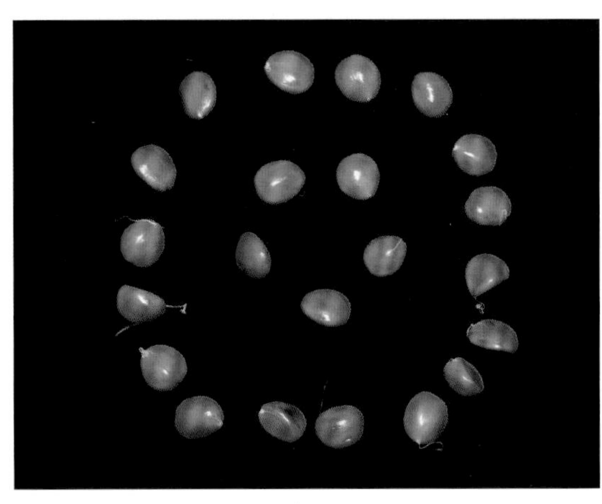

种子

【物候】花期5月，果期8—10月。

【生境分布】分布于陕西、甘肃、河南、贵州、四川、重庆、湖北、湖南等地海拔300 ~ 1500 m的山地林间；阴条岭保护区白果林场海拔约1800 m的林下路边发现2株高约2 m的植株，估计为鸟类传播的种子萌发形成；红旗、兰英、天池坝、西安村等地有人工栽培。

被子植物

21 鹅掌楸（马褂木）

【科属】木兰科 Magnoliaceae 鹅掌楸属 *Liriodendron*

【学名】*Liriodendron chinense*（Hemsl.）Sarg.

【级别】国家Ⅱ级

【生活型】落叶乔木，植株高达 8 m。

【茎】树皮灰白色，纵裂小块状脱落；一年生枝淡褐色，有皮孔。

生境

植株

茎

【枝叶】冬芽卵形，为2片粘合的托叶所包围，幼叶在芽中对折，向下弯垂；叶互生，具长柄，叶片马褂状，长达15 cm，近基部每边具1侧裂片，反面苍白色。

幼叶和托叶

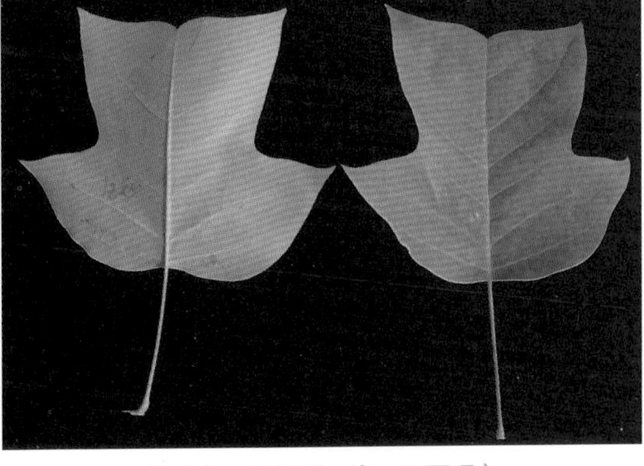

叶（左：反面观；右：正面观）

【花】花单生枝顶，花被片9枚，3片1轮；外轮3片绿色，花萼状，向外弯垂；内两轮6片绿色，直立，花瓣状倒卵形，具黄色纵条纹；花药线形，外向开裂，心皮黄绿色。

花枝

花（正面观）

花（侧面观）

被子植物

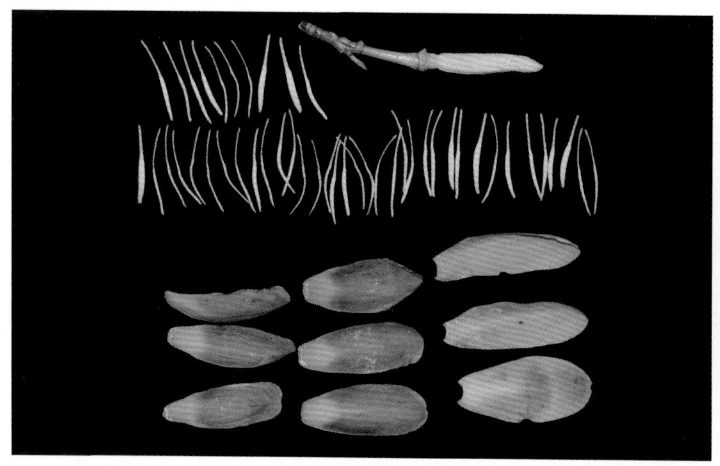

花部解剖

雄蕊和雌蕊

【果及种子】聚合果长达 9 cm，具翅的小坚果顶端钝，具种子 1 ~ 2 颗。

果枝

幼果

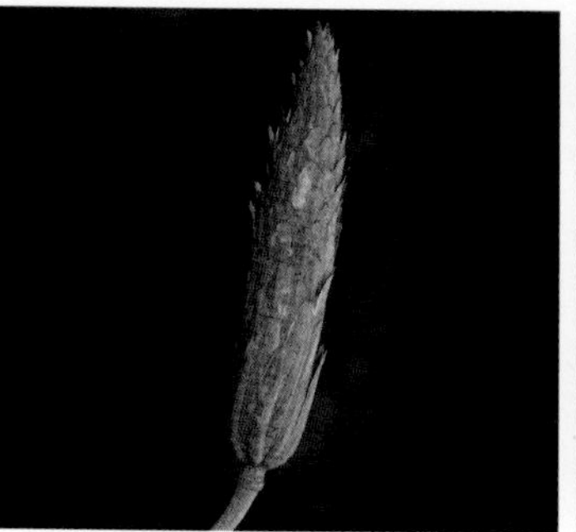

成熟果

成熟果纵剖

【物候】花期 5 月，果期 8—10 月。

【生境分布】分布于陕西、湖北、湖南、四川、云南、贵州、重庆、安徽、浙江等地海拔 900 ~ 1000 m 的森林中；阴条岭保护区仅分布于红旗、阳溪河右岸山地。

22 隐脉黄肉楠

【科属】樟科 Lauraceae 黄肉楠属 *Actinodaphne*

【学名】*Actinodaphne obscurinervia* Y. C. Yang & P. H. Huang

【级别】重庆市级，红色名录濒危（EN）

【生活型】常绿小乔木，植株高达 5 m。

【茎】当年生枝褐色，二年生枝黑褐色，有贴伏短柔毛，老枝无毛；小枝基部有宿存的芽鳞片，芽鳞片较小，排列紧密。

生境

植株

茎

被子植物

【枝叶】叶 3 ~ 6 片近轮生，狭披针形，长达 10 cm，宽达 3 cm，先端渐尖，基部近圆形，厚革质，正面绿色，有光泽，反面粉绿苍白，有贴伏灰色绒毛；羽状脉，中脉在叶正面下陷，反面隆起，侧脉多，纤细；叶柄有贴伏褐色短柔毛。

枝和芽

叶（上：反面观；下：正面观）

【花】花单性，雌雄异株；伞形花序簇生，苞片覆瓦状排列；花被裂片 6，排成 2 轮，每轮 3 枚；雄花：能育雄蕊，通常 9 枚，排成 3 轮，每轮 3 枚，花药 4 室，均内向瓣裂，第一、二轮花丝无腺体，第三轮花丝基部有 2 枚腺体，退化雌蕊细小或无；雌花：每花序 3 ~ 4 朵，花被管被绒毛。

【果及种子】果序伞形，无总梗；果近球形，着生于浅杯状果托里。

雄花序

被子植物

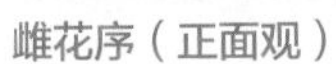

雌花序（正面观）

雌花序（侧面观）

果枝

果（侧面观）

果（反面观）

【物候】花期 3—4 月，果期 7—10 月。

【生境分布】目前仅分布于重庆东北部的巫山和巫溪；阴条岭保护区分布于兰英、林口子、龙洞湾、红旗等地海拔 1200 ~ 1600 m 的常绿阔叶林中。

23 阔叶樟

【科属】樟科 Lauraceae 樟属 *Cinnamomum*

【学名】*Cinnamomum platyphyllum*（Diels）C. K. Allen

【级别】重庆市级，红色名录易危（VU）

【生活型】常绿乔木，植株高达 10 m。

【茎】小枝具纵棱，嫩时被灰色短绒毛，二年生枝黑褐色，老枝无毛；大树树皮灰褐色，纵裂。

植株及生境

茎

【枝叶】小枝基部有宿存的芽鳞片，芽鳞片较小，排列紧密；叶互生，椭圆形，先端渐尖，基部阔楔形，近革质，长达 12 cm，宽达 6 cm；叶反面被灰褐色短柔毛，羽状脉，中脉在反面显著隆起，侧脉每边 4 ~ 7 条，侧脉脉腋在反面不明显呈窝穴状；叶柄长达 2.5 cm。

幼枝及芽鳞痕

叶（左：反面观；右：正面观）

【花】圆锥花序生于当年生枝叶腋，花序被柔毛；花单性，雌雄异株；伞形花序簇生，苞片覆瓦状排列；花被裂片 6 片，排成 2 轮，每轮 3 片；能育雄蕊，通常 9 枚。

花枝

花（正面观） 花（侧面观） 花（反面观）

【果及种子】核果阔倒卵形或近球形，直径约 1 cm；果托浅碟状，全缘，果梗向上逐渐增粗。

果（侧面观） 果（反面观）

【物候】花期 4 月，果期 7—10 月。

【生境分布】我国特有植物，分布于四川和重庆东北部；阴条岭保护区分布于兰英海拔 800 ~ 1000 m 的沟谷、路边。

24 润 楠

【科属】樟科 Lauraceae 润楠属 *Machilus*

【学名】*Machilus nanmu*（Oliv.）Hemsl.

【级别】国家Ⅱ级，红色名录濒危（EN）

【生活型】常绿乔木，植株高达 15 m。

【茎】树干直，树皮暗灰色。

【枝叶】当年生小枝黄褐色；顶芽卵形，鳞片近圆形；叶革质，椭圆形或椭圆状倒披针形，长达 12 cm，宽约 5 cm，先端尾状渐尖，偏斜，基部楔形。

植株及生境

茎

叶（左：正面观；右：反面观）

【花】圆锥花序生于嫩枝基部，4 ~ 7 个，有灰黄色小柔毛；花梗纤细，花浅绿色；花被裂片 6 枚，排成 2 轮，花被裂片长圆形，外面有绢毛。

花枝　花序

花（正面观）　花（侧面观）　花（反面观）

【果及种子】宿存花被片反折；果扁球形，成熟时黑色。

幼果（正面观）　果（侧面观）　果（反面观）

【物候】花期 5 月，果期 8—10 月。

【生境分布】我国特有植物，分布于云南、四川、重庆等地海拔 900 ~ 1500 m 的山地阔叶林中；阴条岭保护区分布于兰英、红旗等地海拔 1100 ~ 1400 m 的常绿阔叶林中。

25 棒头南星（蛇包谷、麻芋子）

【科属】天南星科 Araceae 天南星属 *Arisaema*

【学名】*Arisaema clavatum* Buchet

【级别】红色名录易危（VU）

【生活型】多年生草本。

雌株及生境

雄株及生境

雌株

雄株

【根】须根多数，生于地下块茎上。

【茎】块茎近球形；茎粗壮、直立。

块茎及根

被子植物

【叶】叶 2 枚，叶柄长达 40 cm，下部 1/2 鞘状；叶片鸟足状分裂，裂片达 15，纸质，长圆形，骤狭后尾状渐尖，无柄；中间 5 枚裂片近等大，其他侧裂片依次渐小。

叶（左雄株，右雌株）

【花】雌雄异株；佛焰苞绿色，先端长尾状，管部带紫色，檐部内面有 5 条苍白色条纹，管部长漏斗状；雄花序圆柱形，雄花紫色；雌花序椭圆状，花序梗较雄花序短，附属器细圆柱形，基部 1/4 具钻形及钩状中性花。

佛焰花序（正面观）

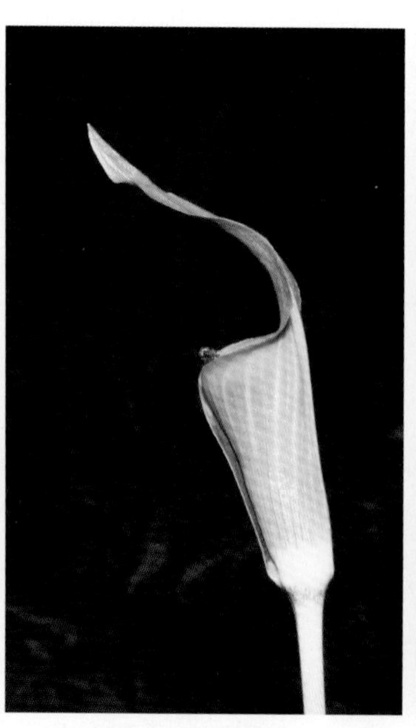

佛焰花序（侧面观）

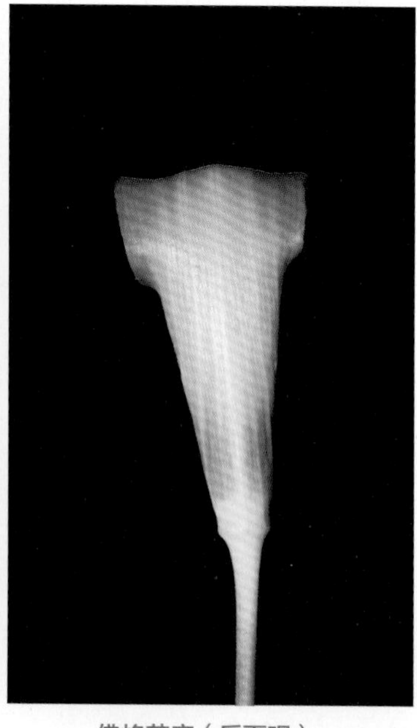

佛焰花序（反面观）

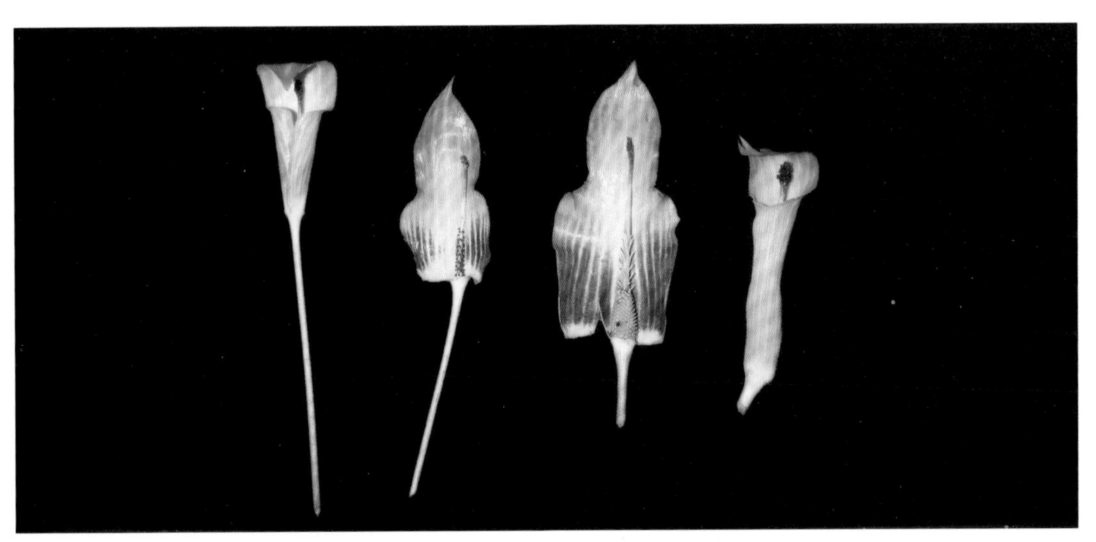

佛焰花序（左 2 为雄花序，右 2 为雌花序）

【果及种子】浆果倒卵圆形。

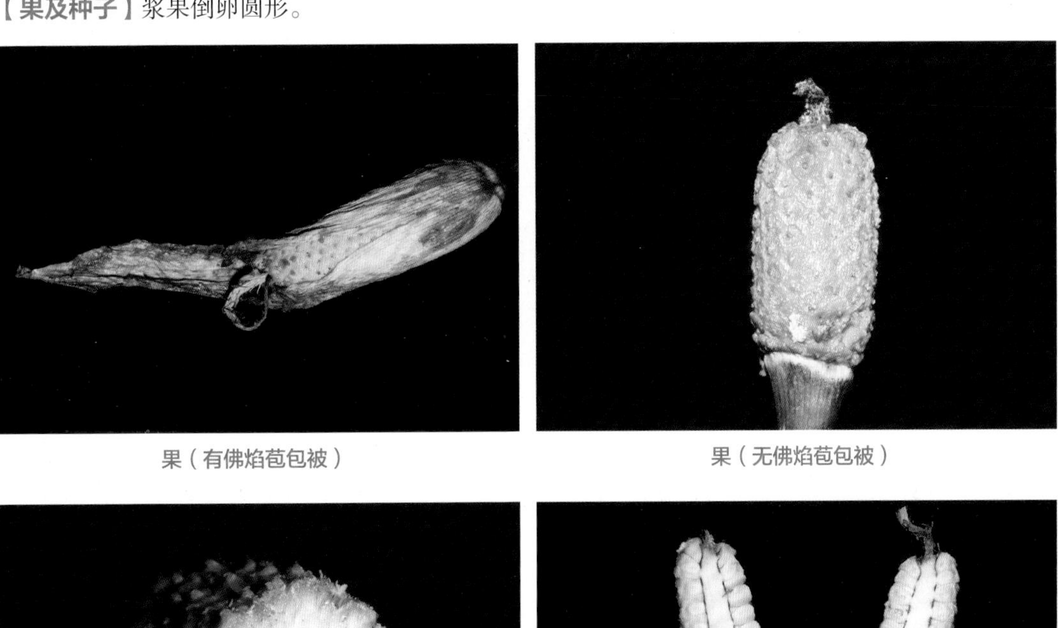

果（有佛焰苞包被）　　果（无佛焰苞包被）

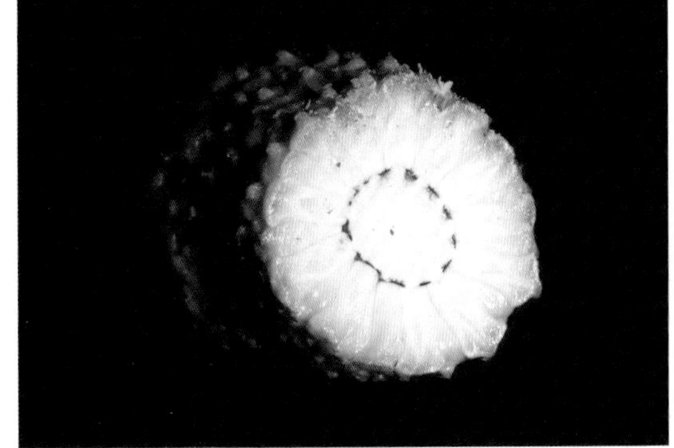

果（横切面观）

果（纵切面观）

【物候】花期 3–4 月，果期 9–10 月。

【生境分布】我国特有植物，分布于贵州、四川、重庆等省海拔 650 ~ 1400 m 的阴湿林下；阴条岭保护区分布于兰英、白果林场等地海拔 1400 m 以下的阔叶林下。

26 盾叶薯蓣（山药、野苕）

【科属】薯蓣科 Dioscoreaceae 薯蓣属 *Dioscorea*

【学名】*Dioscorea zingiberensis* C. H. Wright

【级别】重庆市级

【生活型】多年生缠绕藤本。

【根】根纤细，生于根状茎上。

植株及生境

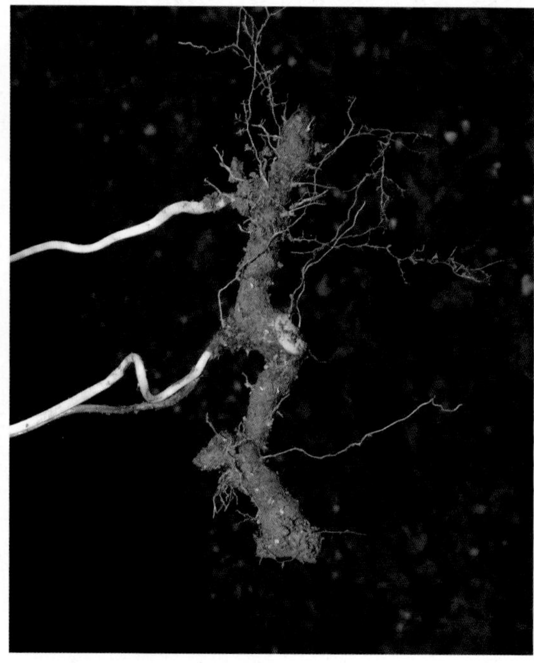

根状茎及根

【茎】根状茎横走，近圆柱形，指状或不规则分枝；表面褐色，断面黄色；茎左旋，光滑无毛。

【枝】单叶互生；叶片厚纸质，三角状卵形，通常 3 浅裂，中间裂片三角状披针形，两侧裂片圆耳状；叶柄盾状着生。

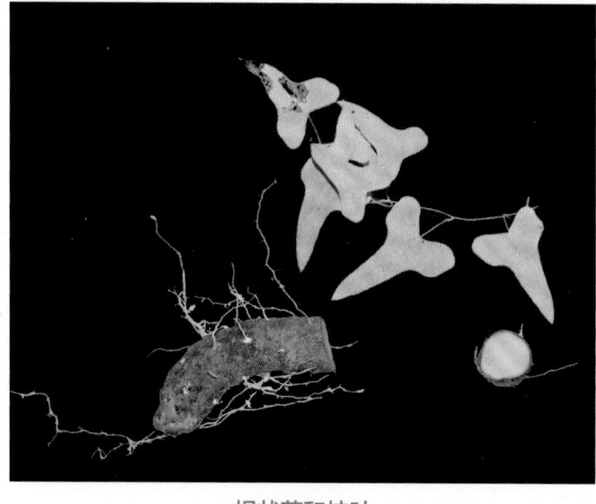

根状茎和枝叶

叶（左：正面观；右：反面观）

【**花**】花单性，雌雄异株或同株；雄花无梗，呈总状排列，花被片 6 枚，开放时平展，紫红色，雄蕊 6 枚，花丝极短，与花药几等长；雌花序与雄花序几相似。

花序和花

【**果及种子**】蒴果三棱形，每棱翅状，表面常有白粉。

果（正面观）

果（侧面观）

【**物候**】花期 5—7 月，果期 9—10 月。

【**生境分布**】我国特有植物，分布于甘肃、陕西、四川、重庆、湖北等地海拔 100 ~ 1500 m 的森林、沟谷边缘的路旁；阴条岭保护区分布于兰英等地河谷边耕地、路旁。

27 巴山重楼（露水珠）

【科属】藜芦科 Melanthiaceae 重楼属 *Paris*

【学名】*Paris bashanensis* F. T. Wang & Tang

【级别】国家Ⅱ级，红色名录易危（VU）

【生活型】多年生草本，植株高达 40 cm。

植株及生境

【根状茎及根】根状茎细长，直径 2 ~ 4 mm，长 20 ~ 30 cm，上面生有许多须根。

植株

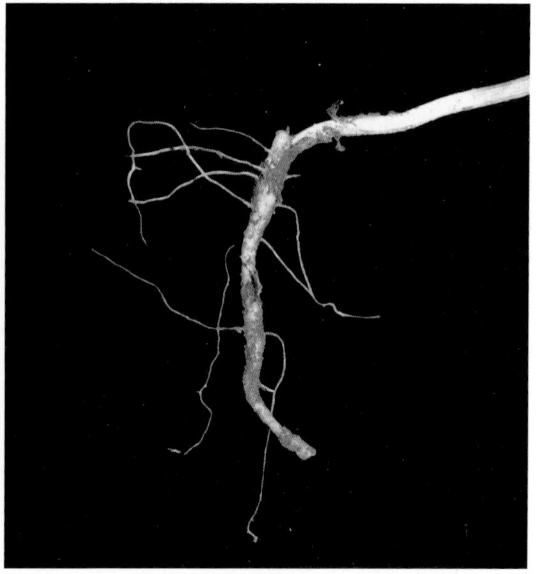

根状茎及根

【叶】通常4枚轮生，稀为5～6枚及以上，矩圆状披针形或卵状椭圆形，长4～8 cm，宽2～3.5 cm，先端渐尖，基部楔形，具短柄或近无柄。

叶（4枚） 叶（5枚）

叶（6枚） 叶（7枚）

【花】花梗长2～7 cm；外轮花被片通常4枚，稀5枚，狭披针形，黄绿色，长1.5～3 cm，宽3～4 mm，反折；内轮花被片线形，与外轮同数且近等长；雄蕊通常8枚，花药长7～12 mm，花丝短，长3～5 mm；子房球形，花柱具4（稀5）分枝，分枝细长。

花枝

被子植物

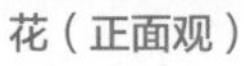

花（正面观）

花（反面观）

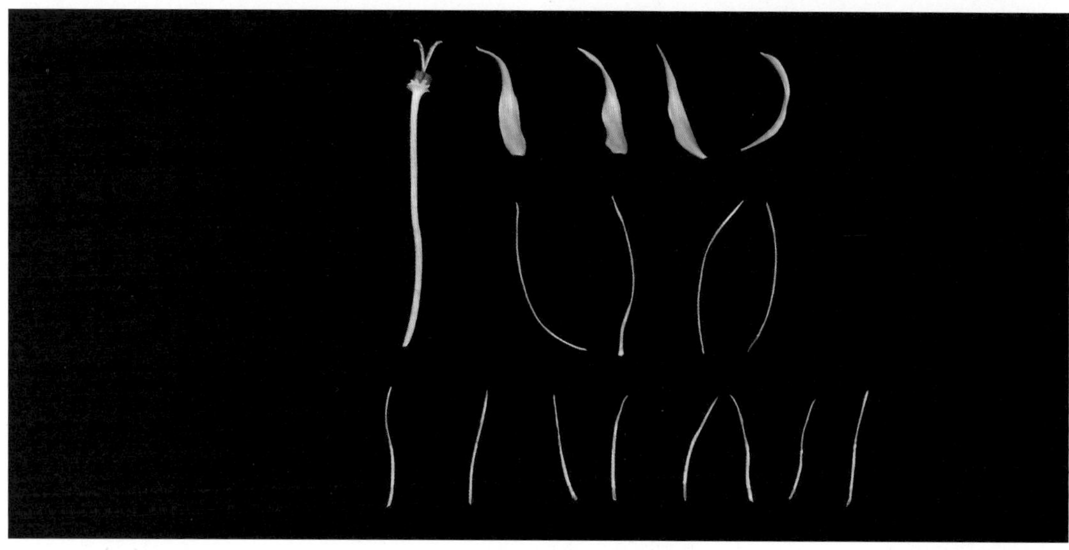

花部解剖

【果】浆果状蒴果近球形，紫黑色，果皮不开裂，具多数种子。

雌蕊

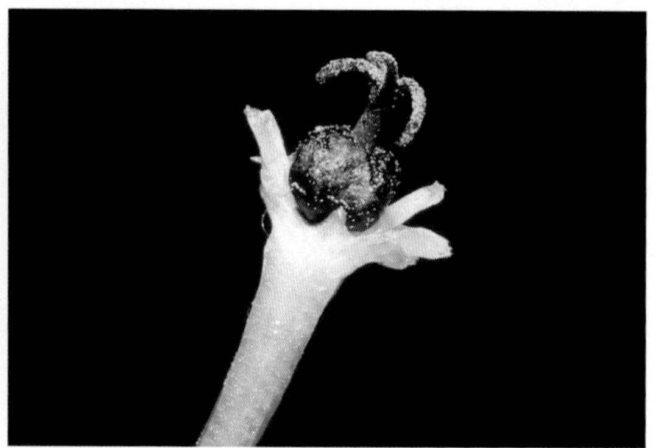

幼果

【物候】花期 3—6 月，果期 7—9 月。

【生境分布】我国特有植物，分布于四川、重庆、湖北等地海拔 1400 ~ 2750 m 的落叶阔叶林、竹林灌丛下；阴条岭保护区分布于林口子、蛇梁子、阴条岭等地海拔 1600 ~ 2500 m 的阔叶林下。

28 球药隔重楼

【科属】藜芦科 Melanthiaceae 重楼属 *Paris*

【学名】*Paris fargesii* Franch.

【级别】国家Ⅱ级，红色名录易危（VU）

【生活型】多年生草本，植株高达 100 cm。

生境（林口子）

生境（红旗）

植株（林口子）

植株（红旗）

【**根状茎及根**】根状茎直径粗达 1 ~ 3 cm，上面生有许多须根。

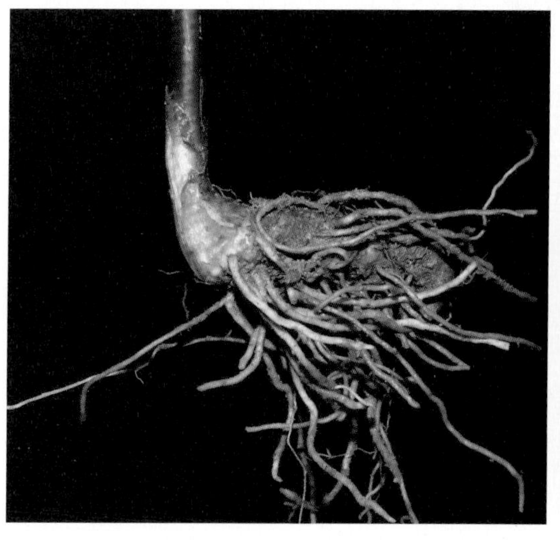

根状茎及根

【**叶**】叶 4 ~ 6 枚，卵状披针形、卵圆形、宽卵圆形，长 7 ~ 18 cm，宽 4.5 ~ 10 cm，先端短尖，基部略呈心形；叶柄长 2 ~ 4 cm。

【**花**】花梗长 20 ~ 40 cm；外轮花被片 4 ~ 6 枚，卵状披针形，长 3 ~ 5 cm；内轮花被片线形，与外轮花被片等长或稍长；雄蕊通常 8 枚，花丝长 1 ~ 3 mm，花药短条形，药隔突出部分圆头状，肉质，长约 1 mm，呈紫褐色。

叶（4 枚，卵圆形）

叶（4 枚，卵状披针形）

叶（5 枚，卵圆形）

叶（5 枚，卵状披针形）

被子植物

叶（6 枚，卵圆形）

叶（左：正面观；右：反面观）

花（正面观）

花（侧面观）

两层花被片（8 枚，正面观）

两层花被片（8 枚，反面观）

两层花被片（10 枚，正面观）

两层花被片（10 枚，反面观）

被子植物

花部解剖

雄蕊（正面观）

雄蕊（侧面观）

【果及种子】蒴果近球形，紫黑色或绿色，开裂，种子多数，具鲜红多汁的外种皮。

果

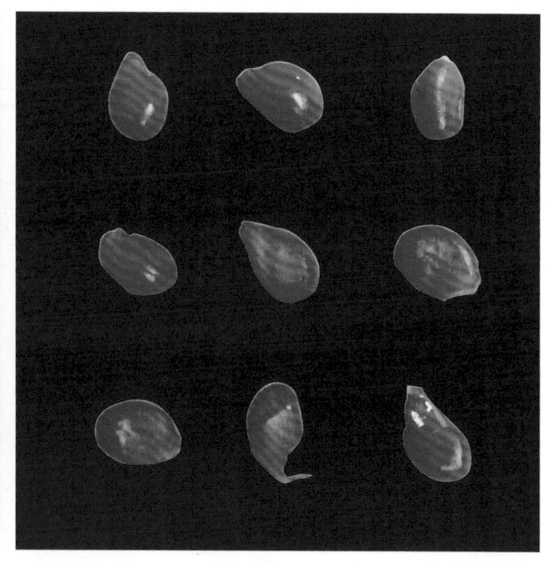

种子

【物候】花期 3—5 月，果期 5—10 月。

【生境分布】分布于云南、四川、贵州、重庆、湖北、湖南、广东、广西、台湾等地海拔 500 ~ 2100 m 的阔叶林下；阴条岭保护区分布于林口子、红旗、长岩屋、青龙潭、蛇梁子、兰英、骡马店等地海拔 1100 ~ 2200 m 的阔叶林下。

29 华重楼

【科属】藜芦科 Melanthiaceae 重楼属 *Paris*

【学名】*Paris chinensis* Franch.

【级别】国家Ⅱ级，红色名录易危（VU）

【生活型】多年生草本，植株高达 100 cm。

生境

植株

【根状茎及根】粗厚，直径达 1 ~ 3 cm，外面棕褐色，密生多数环节和许多须根；茎绿色或略带紫红色。

根状茎及根

根状茎纵剖

被子植物

【叶】5 ~ 12 枚，矩圆形、椭圆形或倒卵状披针形，长 8 ~ 20 cm，宽 2 ~ 6 cm，基部楔形；叶柄绿色或带紫红色，长 0.1 ~ 3 cm。

叶（8 枚）　　叶（9 枚）

叶（10 枚）　　叶（12 枚）

【花】花梗长 5 ~ 20 cm；花被片 4 ~ 8 枚，外轮花被片绿色，披针形；内轮花被片黄绿色，线形，通常反折，比外轮花被片短（偶尔稍长）；雄蕊长 9 ~ 18 mm，花丝浅绿色，长 3 ~ 7 mm，花药黄色，长 5 ~ 10 mm，药隔突出部分不明显或长 0.5 ~ 2 mm，锐尖；子房近球形，具 4 ~ 8 棱，花柱紫色或暗红色，长达 2 mm。

两层花被片（8 枚）　　两层花被片（10 枚）

两层花被片（12 枚）

两层花被片（14 枚）

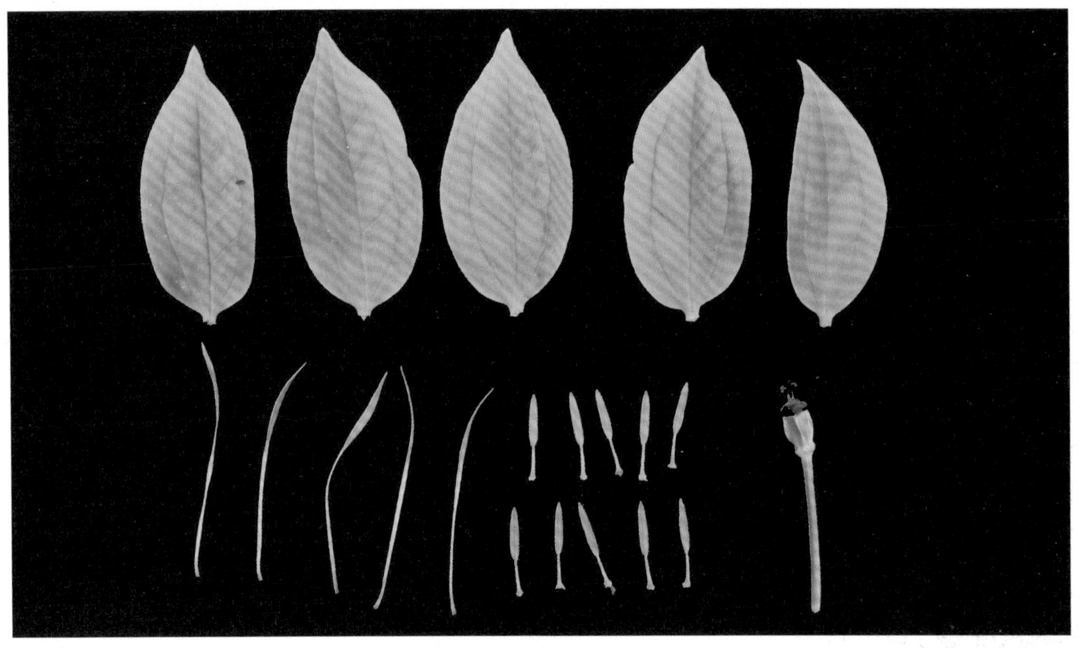

花部解剖

【果及种子】幼嫩蒴果绿色，近球形，直径 2 ~ 5 cm，成熟时变红、开裂；种子多数，具鲜红色多浆汁的外种皮。

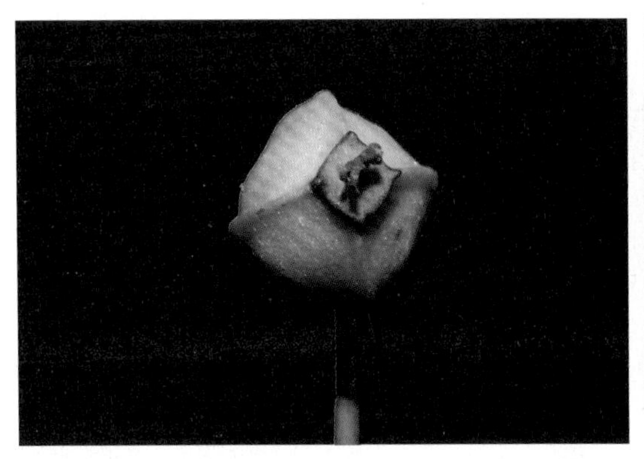

果（4 心皮）

果（5 心皮）

被子植物

果（7 心皮）

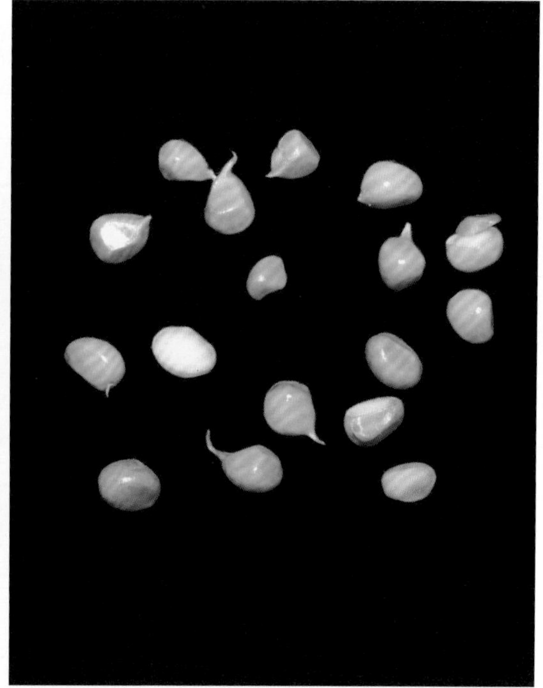

种子

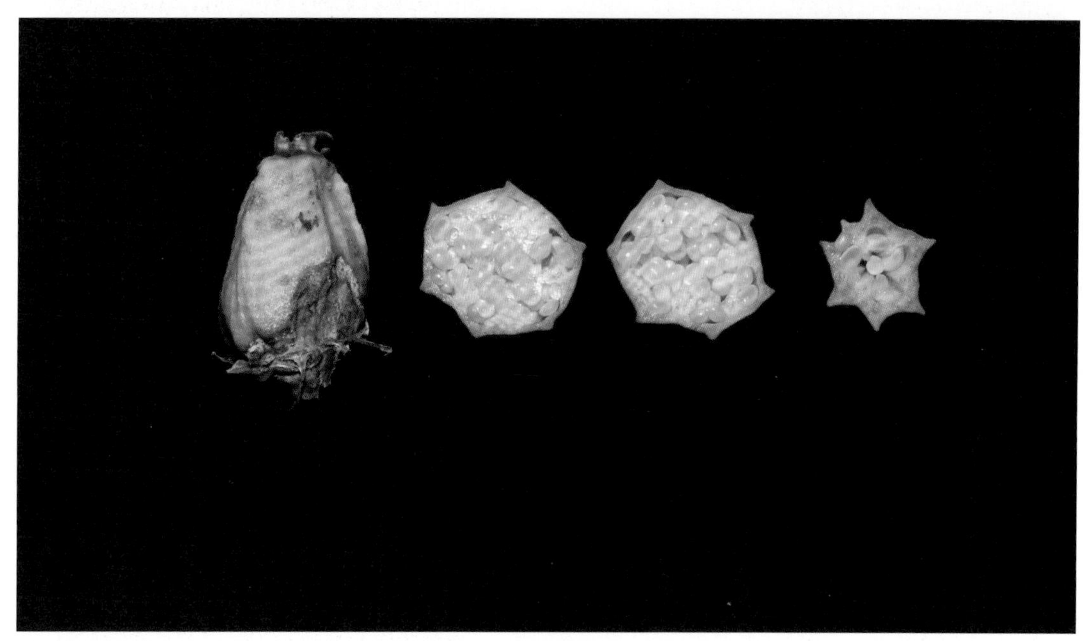

果部解剖

【物候】花期 4—7 月，果期 6—10 月。

【生境分布】分布于四川、重庆、福建、广东、广西、贵州、安徽、河南、湖北、湖南、江苏、江西、陕西、山西、台湾等地海拔 150 ~ 2800 m 的阔叶林、针叶林、竹林和灌丛下；阴条岭保护区分布于林口子、红旗、天池坝、大官山、兰英等地海拔 600 ~ 2100 m 的阔叶林下。

30 启良重楼

【科属】藜芦科 Melanthiaceae 重楼属 *Paris*

【学名】*Paris qiliangiana* H. Li, J. Yang & Y. H. Wang

【级别】国家Ⅱ级，红色名录易危（VU）

【生活型】多年生草本，植株高达 80 cm。

植株及生境（熊家屋场）

植株及生境（蛇梁子）

植株及生境（兰英）

植株及生境（大官山）

【根状茎及根】根状茎粗厚，圆柱状，长 3 ~ 20 cm，直径 1 ~ 3 cm，表面呈黄褐色，生有须根。

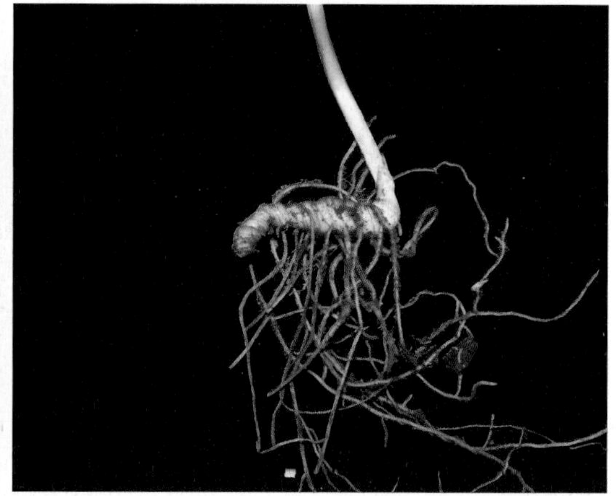

根状茎及根

【叶】4 ~ 8 枚，绿色，椭圆形或倒卵圆形，长 5 ~ 13 cm，顶端锐尖，基部近圆形、近心形或楔形；叶柄绿色或深紫色，长 1 ~ 4 cm。

叶（正面观）

叶（反面观）

【花】花被片 4 ~ 7 枚；外轮花被片绿色，卵圆形或披针形，长 4 ~ 8 cm；内轮花被片线形，黄绿色，比外轮花被片长，通常劲直或基部劲直；雄蕊排列成 2 轮，长 1.5 ~ 3 cm，花丝黄绿色，长 3 ~ 8 mm；花药棕褐色，长 1 ~ 2.5 cm，药隔突出部分不明显；子房卵圆形，绿色，具 4 ~ 7 棱；花柱白色，偶尔浅紫色，长 2 ~ 10 mm，具 4 ~ 7 分枝。

两层花被片（4 枚）

两层花被片（6 枚）

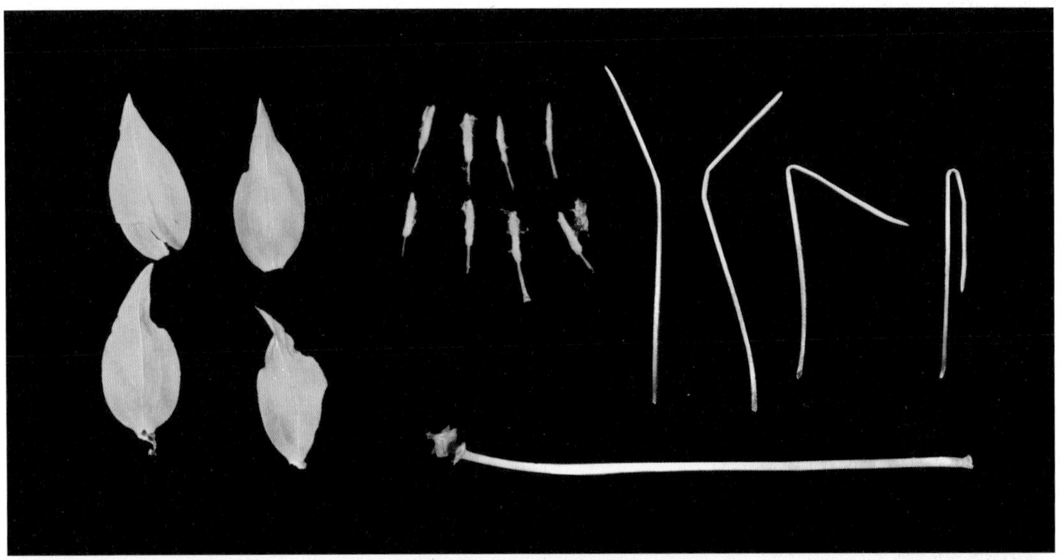

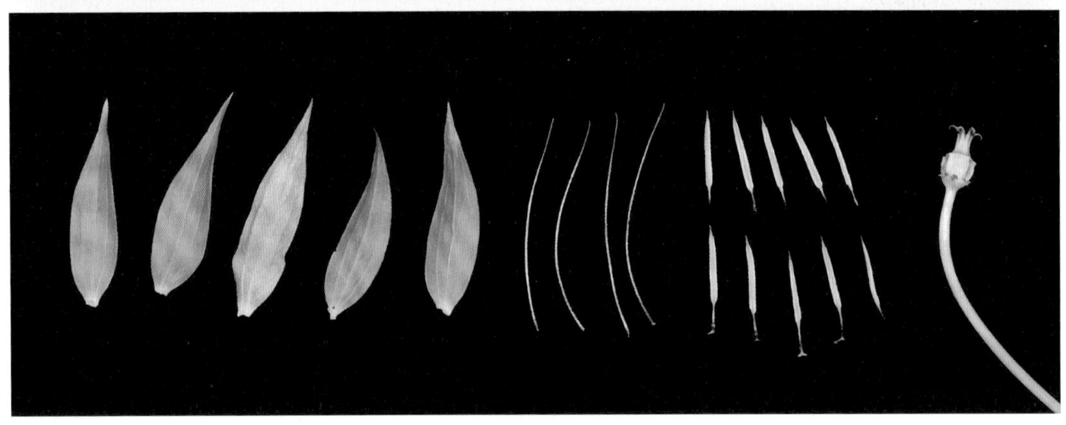
花部解剖

被子植物

【**果及种子**】蒴果成熟时黄绿色，近球状，开裂；种子多数，近圆形，具鲜红多汁的外种皮。

果

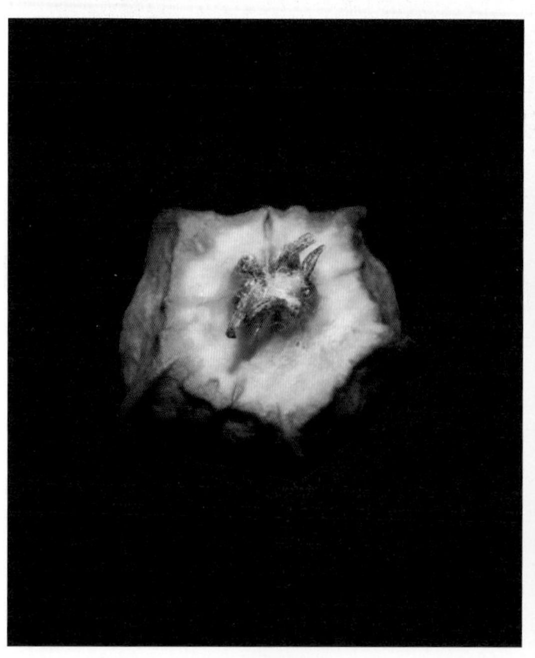

果（正面观）

果（侧面观）

被子植物

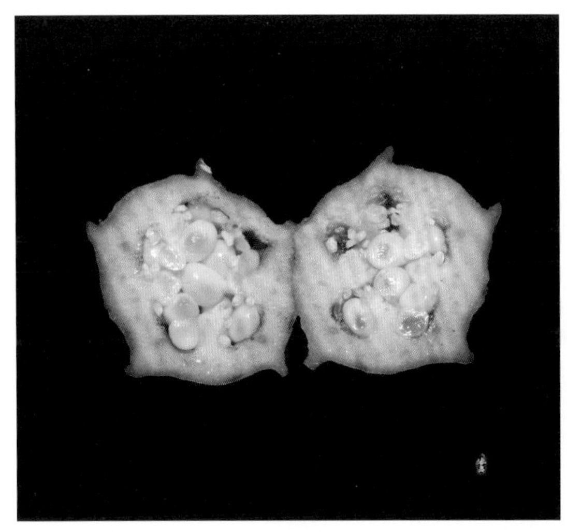

果横切

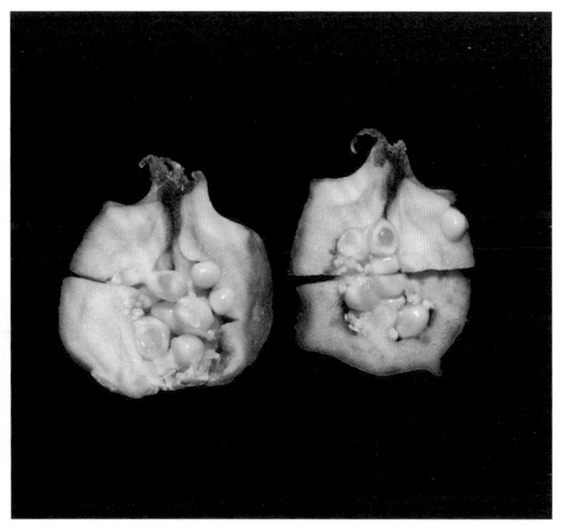

果纵切

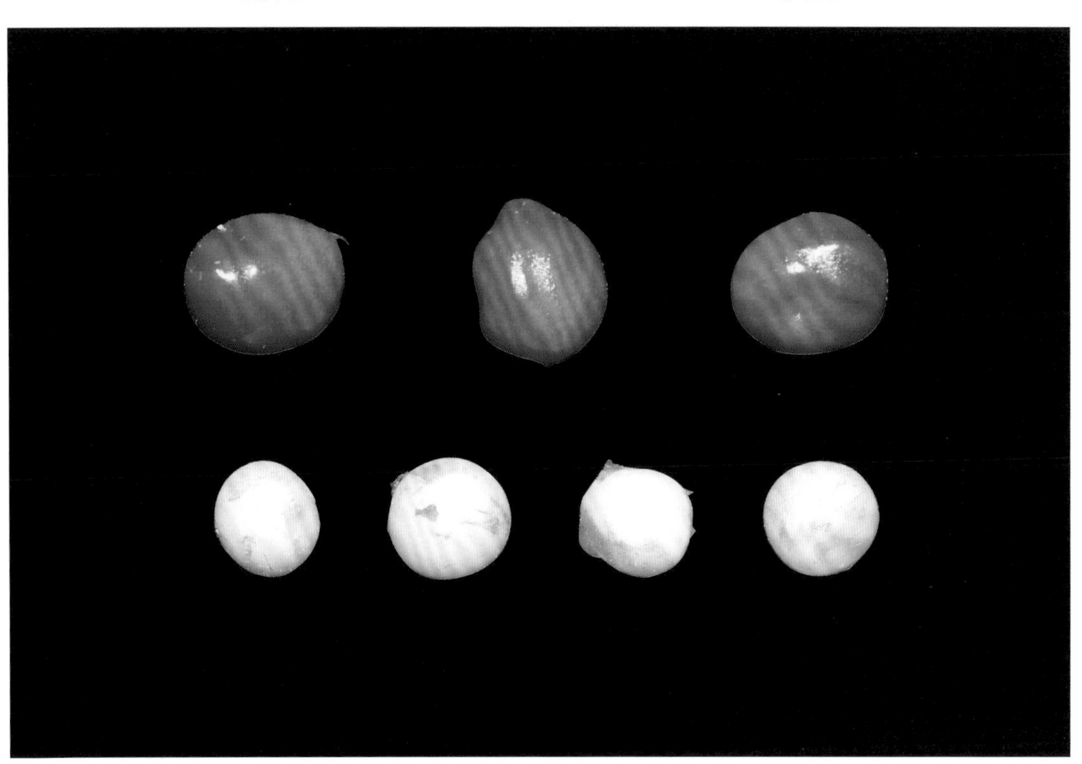

种子

【**物候**】花期 3—5 月，果期 6—10 月。

【**生境分布**】分布于四川、陕西、重庆、湖北等地海拔 700 ~ 1200 m 的常绿阔叶林、针叶林下；阴条岭保护区分布于白果林场、蛇梁子、熊家屋场、大官山、红旗等地海拔 1200 ~ 1600 m 的阔叶林下。

31 狭叶重楼

【科属】藜芦科 Melanthiaceae 重楼属 *Paris*

【学名】*Paris lancifolia* Hayata

【级别】国家Ⅱ级，红色名录易危（VU）

【生活型】多年生草本，植株高达 80 cm。

植株及生境（白果林场）

植株

植株及生境（兰英）

植株

【根状茎及根】 根状茎粗壮，圆柱状，长 3 ~ 15 cm，直径 1 ~ 3 cm，上面生有须根。

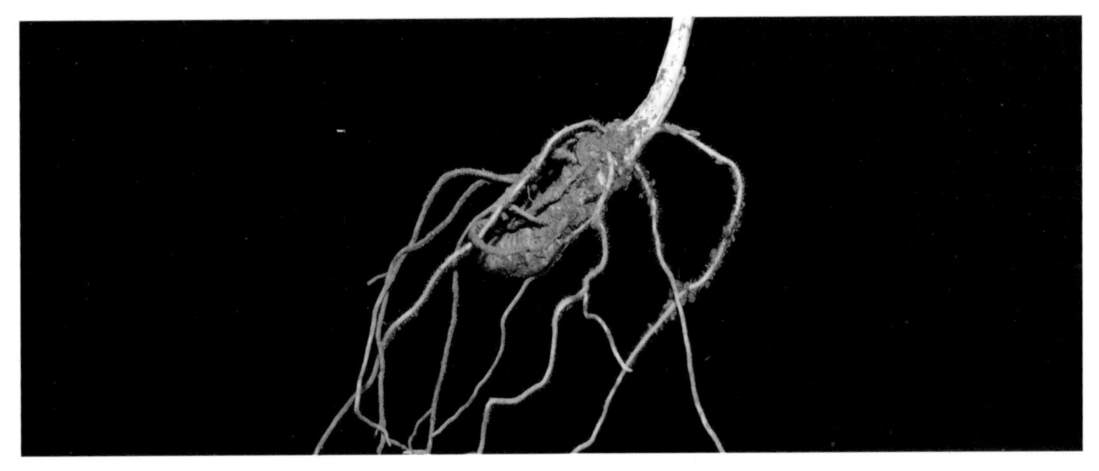

根状茎及根

【叶】 10 ~ 15（稀 20）枚轮生，披针形、倒披针形或条状披针形，长 8 ~ 15 cm，宽 0.5 ~ 2 cm，先端渐尖，基部楔形，具短叶柄或近无柄。

叶（正面观）

叶（反面观）

【花】 花被片 4 ~ 7 枚，外轮花被片绿色，狭披针形或披针形，长 3 ~ 7 cm；内轮花被片丝状，通常比外轮花被片长；雄蕊长 6 ~ 15 cm，花丝绿色，长 3 ~ 10 mm；花药黄色，长 5 ~ 12 mm；药隔突出部分不明显；子房近球形，暗紫色，具 4 ~ 7 棱，花柱明显，长 4 ~ 8 mm。

花

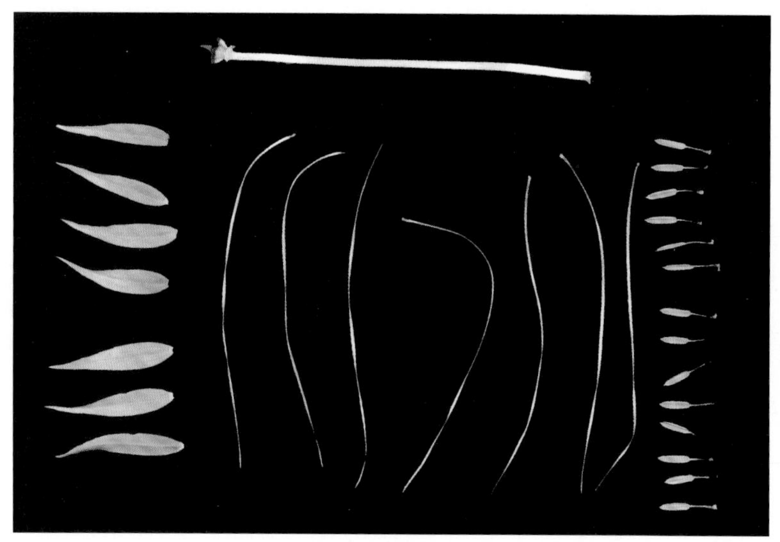

花部解剖

雌蕊（正面观）

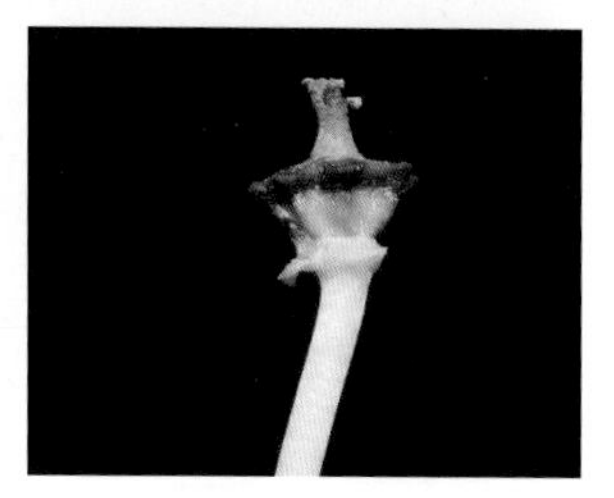

雌蕊（侧面观）

【果及种子】蒴果近球形，绿色，开裂；种子多数，具鲜红多汁的外种皮。

果（正面观）

果（侧面观）

果（反面观）

果横切

【物候】花期5—6月，果期7—10月。

【生境分布】分布于甘肃、山西、陕西、云南、四川、贵州、重庆、湖北、广西、安徽、福建、河南、湖南、江苏、江西、台湾、浙江等地海拔1100 ~ 2300 m的常绿阔叶林、针叶林下；阴条岭保护区分布于林口子、兰英、熊家屋场等地海拔1200 ~ 1900 m的阔叶林下。

32 七叶一枝花（海螺七、重楼）

【科属】藜芦科 Melanthiaceae 重楼属 *Paris*

【学名】*Paris polyphylla* Sm.

【级别】国家Ⅱ级，红色名录易危（VU）

【生活型】多年生草本，植株高达 80 cm。

生境

植株

【根状茎】根状茎粗厚，长 5 ~ 10 cm，直径 1 ~ 3 cm，外面棕褐色，密生多数环节和须根。多年生的根状茎形似海螺，因此又名“海螺七”，是巫溪民间四大传统名贵中药之一。

根状茎及根

被子植物

【叶】5 ~ 11 枚，绿色，矩圆形、椭圆形或倒卵状披针形，长 7 ~ 15 cm，先端短尖或渐尖，基部圆形或楔形；叶柄长 0.2 ~ 2 cm。

叶（7 枚）

叶（9 枚）

【花】花被片 4 ~ 7 枚；外轮花被片绿色，狭卵状披针形，长 3 ~ 6 cm；内轮花被片线形，通常比外轮花被片长；雄蕊长 8 ~ 20 mm，花丝绿色，长 3 ~ 7 mm，花药黄色，长 5 ~ 8 mm，与花丝近等长或稍长，药隔突出部分不明显；子房近球形，紫色，具 4 ~ 7 棱，花柱粗短，具 4 ~ 7 分枝。

花（正面观）

花（反面观）

【果】蒴果近球形，黄绿色，开裂，种子多数，具鲜红多汁的外种皮。

果

种子

【物候】花期 4—6 月，果期 7—10 月。

【生境分布】分布于我国西藏、云南、甘肃、陕西、四川、重庆、贵州、湖北等地 1100 ~ 2800 m 的常绿阔叶林、针叶林和竹林下；阴条岭保护区分布于大官山、阴条岭、白果林场等地海拔 1500 ~ 2300 m 的阔叶林下。

33 延龄草（上天珠、头顶一颗珠）

【科属】藜芦科 Melanthiaceae 延龄草属 *Trillium*

【学名】*Trillium tschonoskii* Maxim.

【级别】重庆市级

【生活型】多年生草本，植株高 15 ~ 50 cm。

生境（崖壁上）

生境（草甸上）

被子植物

植株（正面观）

植株（反面观）

根状茎及根

【根状茎及根】 地下根状茎短，其上着生许多须根。

【茎】 茎直立，不分枝，基部有褐色的膜质鞘。

【叶】 3 枚，轮生于茎的顶端；叶片菱状圆形或菱形，长 6 ~ 15 cm，宽 5 ~ 15 cm，近无柄。

叶（一年生植株）

叶（多年生植株）

花

【花】单生于叶轮中央，花梗长 1 ~ 3 cm；花被片 6 枚，外轮花被片卵状披针形，绿色，长 1.5 ~ 2 cm，内轮花被片白色，卵状披针形，与外轮花被片近等长；子房圆锥状卵形。

花部解剖

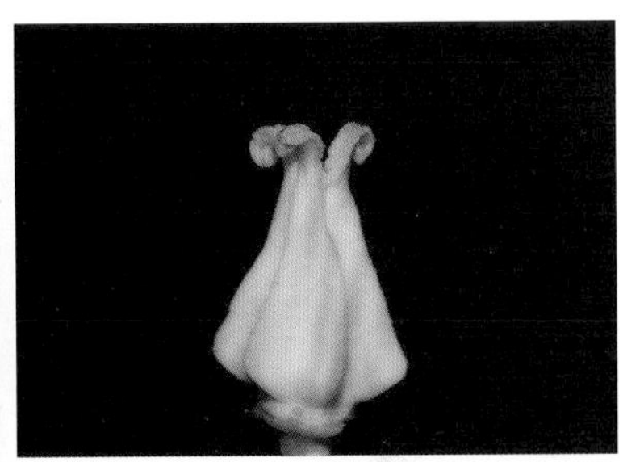

子房（侧面观）

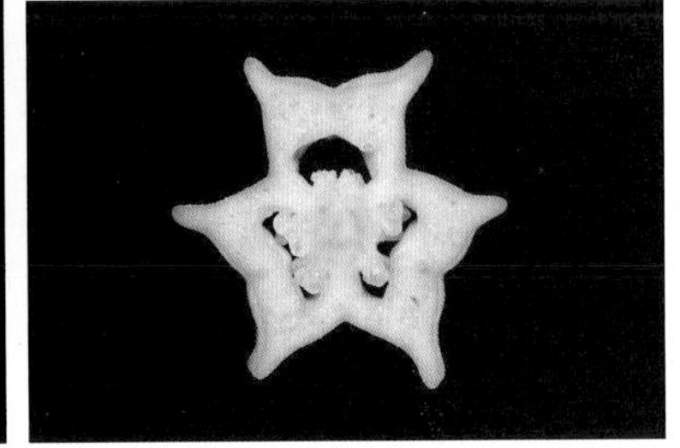

子房（横切）

幼果

【果】浆果圆球形，黑紫色，有多数种子。果单生，又位于植株顶部，因此又名“上天珠”“头顶一颗珠”，是巫溪民间四大传统名贵中药之一。

【物候】花期 4—6 月，果期 7—8 月。

【生境分布】分布于我国西藏、云南、甘肃、陕西、四川、重庆、湖北、安徽和浙江等地海拔 1600 ~ 3200 m 的林下、山谷阴湿处、山坡或路旁岩石下；阴条岭保护区分布于大官山、转坪、阴条岭、兰英寨、黄草坪、山王寨、葱坪等地海拔 2100 ~ 2700 m 的阔叶林下。

34 太白贝母（贝母）

【科属】百合科 Liliaceae 贝母属 *Fritillaria*

【学名】*Fritillaria taipaiensis* P. Y. Li

【级别】国家Ⅱ级，红色名录濒危（EN）

【生活型】草本，植株高达 40 cm。

生境（野生）

生境（栽培）

植株（一年生）

植株（多年生）

【鳞茎和根】鳞茎由 2 枚鳞片组成，直径约 1.2 cm，基部着生多数根。

【茎】地上茎直立，黄绿色。

【叶】叶通常对生，有时中部兼有 3 ~ 4 枚轮生或散生；叶条状披针形，长 4 ~ 9 cm，宽 3 ~ 6 mm。

【花】花 1 ~ 2 朵，栽培时可多达 8 朵，黄绿色；每花有 1 ~ 3 枚叶状苞片，苞片先端稍弯曲；花被片 6 枚，两轮；外轮狭倒卵状矩圆形，先端浑圆；内轮近匙形，先端骤凸而钝；雄蕊 6 枚；柱头顶端 3 裂。

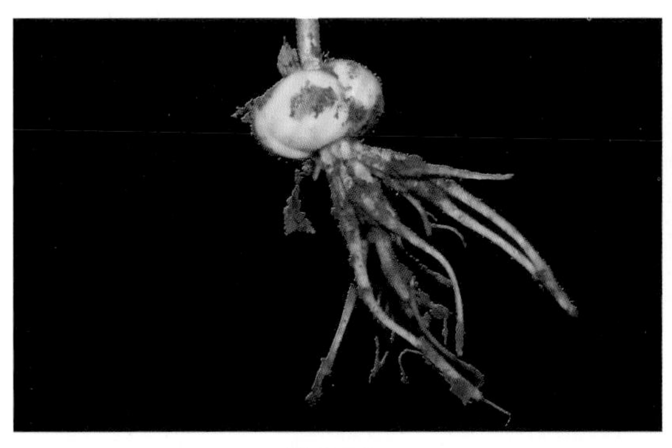

鳞茎及根

茎和叶

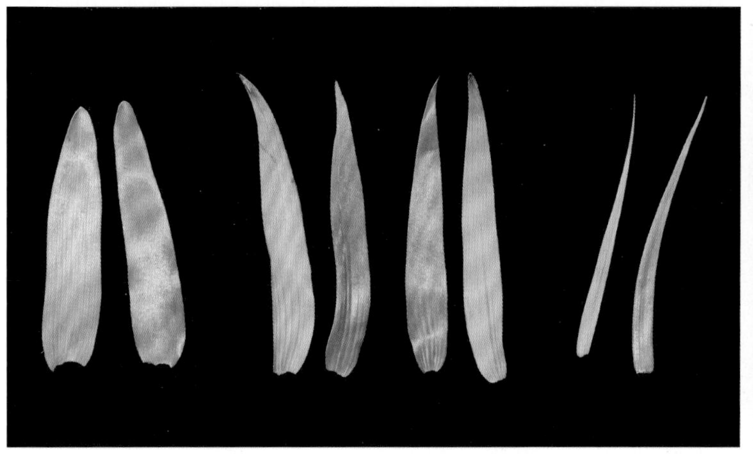

叶（从左至右：茎下部叶、中部叶、上部叶）

花枝

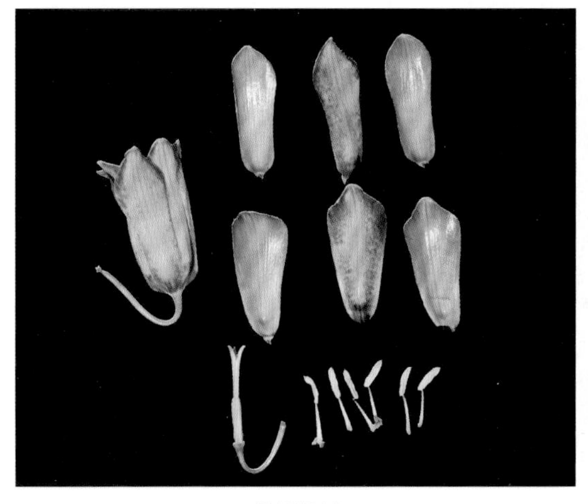

花部解剖

雄蕊和雌蕊

被子植物

【**果和种子**】蒴果圆柱形，具6棱，棱上有狭翅；种子多数，扁平，边缘有狭翅。

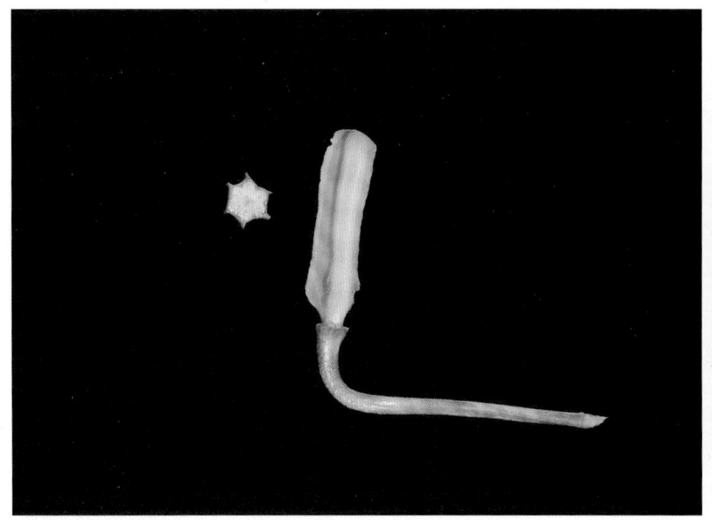

果（幼嫩）

果（成熟）

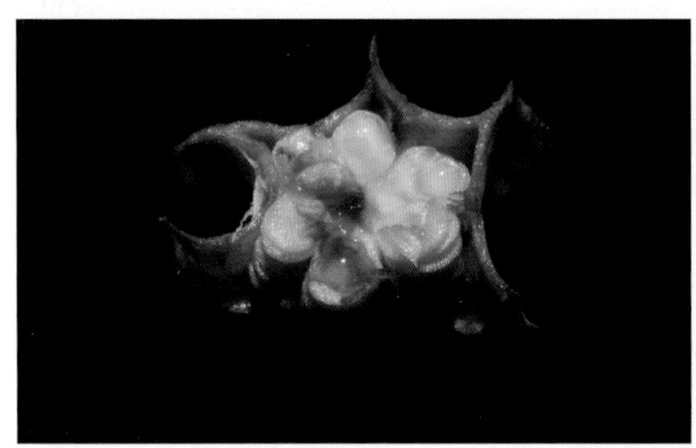

果（横切）

果（纵切）

种子

【**物候**】花期5月，果期7—8月。

【**生境分布**】我国特有植物，分布于甘肃东南部、陕西南部、四川东北部、重庆东部和湖北西部等地海拔2400～3150 m的山坡草丛中；阴条岭保护区分布于大官山、天池坝、毛旋涡、阴条岭等地海拔2100～2400 m的山坡草丛中，天池坝、黄草坪有人工栽培。

35 绿花百合

【科属】百合科 Liliaceae 百合属 *Lilium*

【学名】*Lilium fargesii* Franch.

【级别】国家Ⅱ级

【生活型】多年生草本，植株高达 1 m。

生境

植株

【鳞茎和根】鳞茎卵形，白色，鳞片披针形，长约 1.5 cm；根纤细，位于鳞茎基部。

【茎】茎高达 50 cm，绿色，具小乳头状突起。

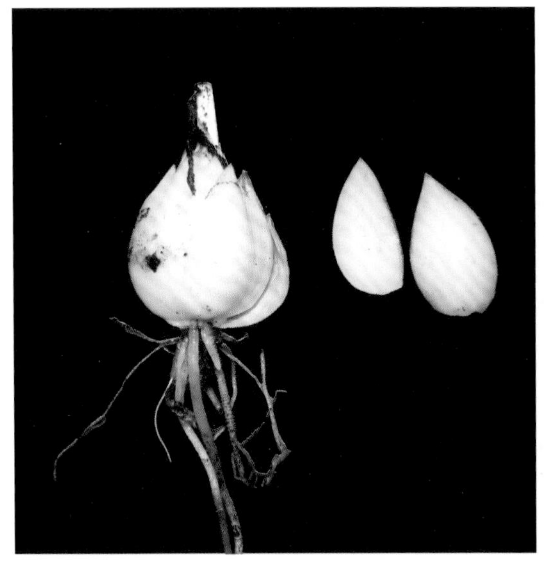

鳞茎及根

地上茎

被子植物

【叶】叶散生，线形，生于茎中上部，长达 12 cm，宽达 3 mm，边缘反卷。

【花】花单生或成总状花序；苞片叶状，长约 2 cm；花梗长 3.5 cm，先端稍弯；花下垂，绿白色，密生紫褐色斑点；花被片 6 枚，2 轮，披针形，反卷，蜜腺两侧有鸡冠状突起；雄蕊 6 枚，花丝无毛，花药橙黄色；子房长约 1 cm，花柱长 1.5 cm，柱头 3 裂。

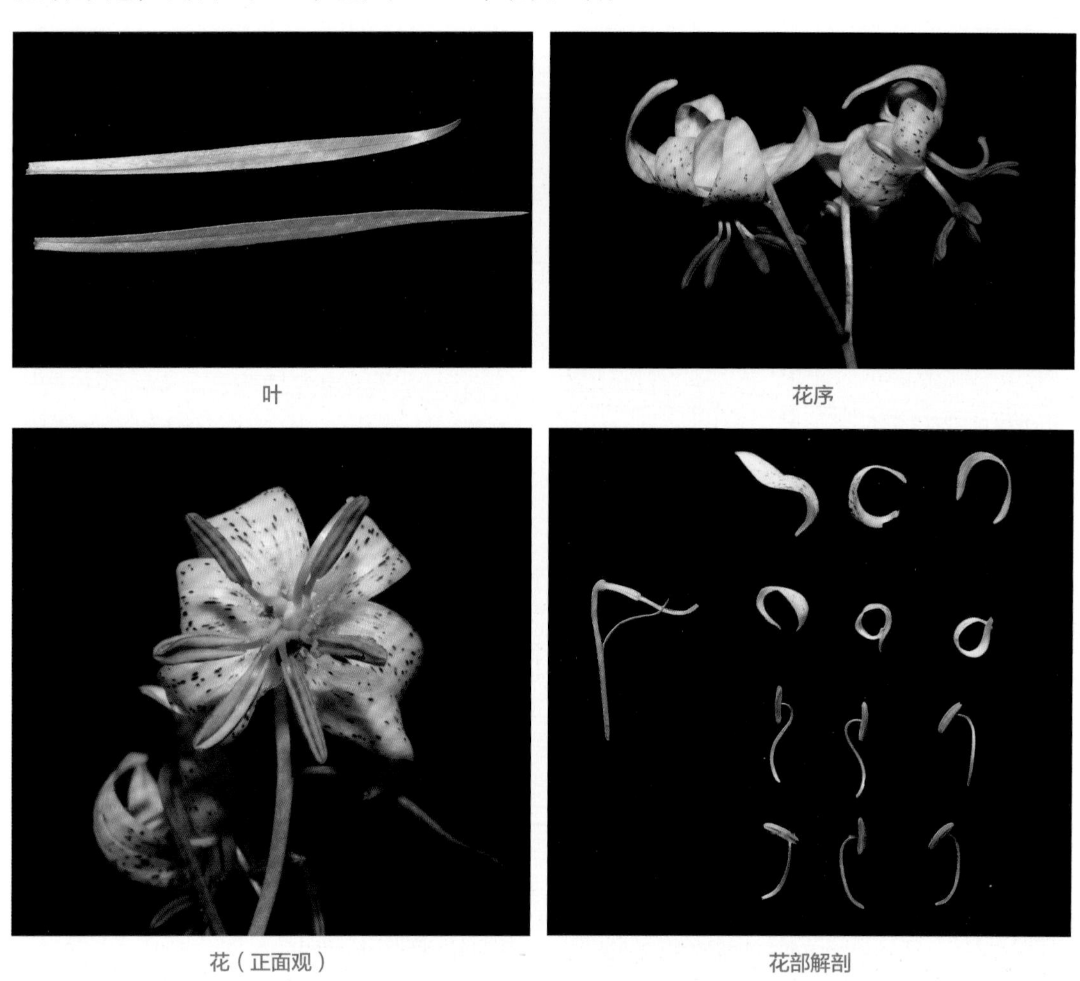

叶　　花序

花（正面观）　　花部解剖

【果和种子】蒴果长圆形，长约 2 cm；种子多数，扁平，周围有翅。

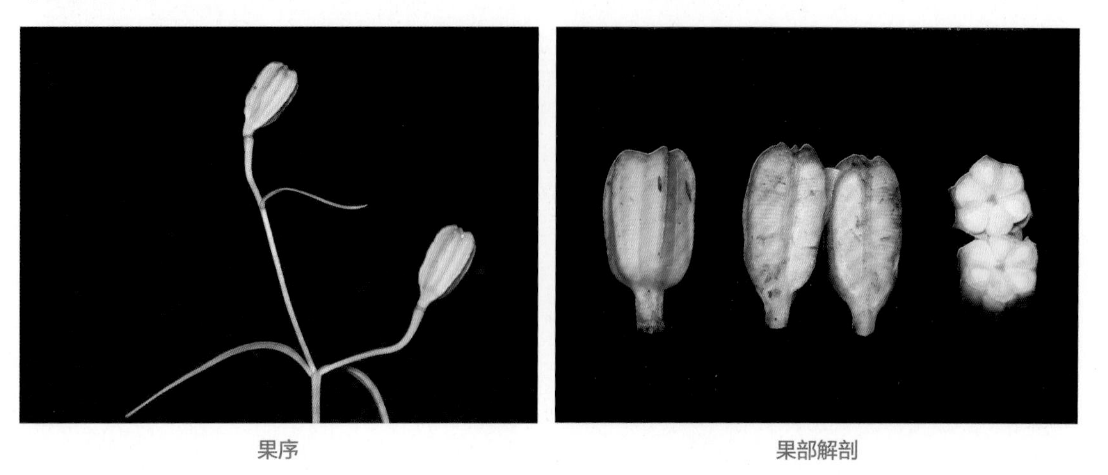

果序　　果部解剖

被子植物

果（未成熟）

果（成熟）

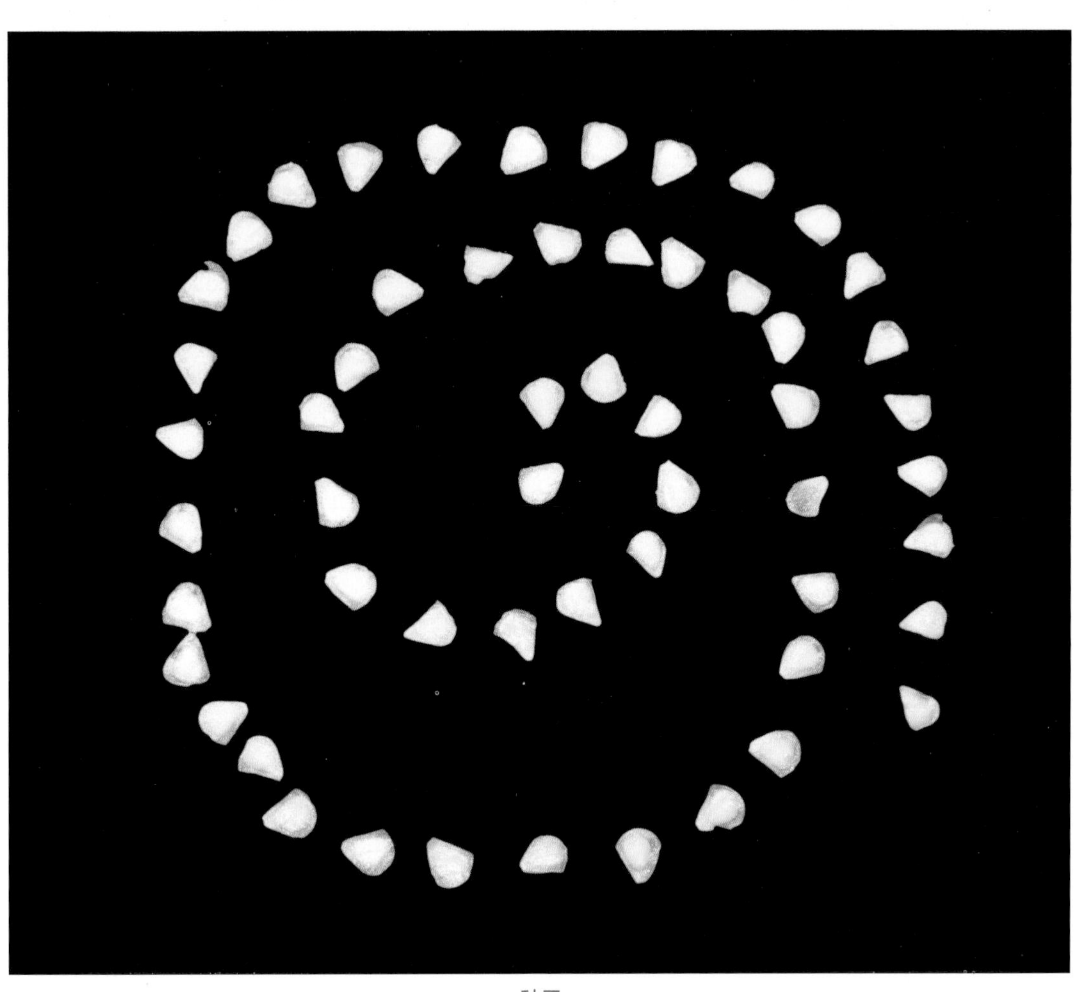

种子

【物候】 花期 7—8 月，果期 9—10 月。

【生境分布】 我国特有植物，分布于陕西、四川、云南、重庆、湖北等地海拔 1400 ~ 2500 m 的林下路边；阴条岭保护区分布于转坪、葱坪、骡马店、阴条岭、兰英寨等地海拔 2100 ~ 2500 m 的阔叶林下。

36 黄花白及

【科属】兰科 Orchidaceae 白及属 *Bletilla*

【学名】*Bletilla ochracea* Schltr.

【级别】红色名录濒危（EN），CITES 附录Ⅱ

【生活型】多年生草本，植株高达 40 cm。

植株及生境（野生）　　植株及生境（栽培）　　植株

【假鳞茎和根】地下假鳞茎扁斜卵形，较大，上面具荸荠似的环带，富黏性，其上生有较多须根。

【茎】地上茎较粗壮，常具 4 枚叶。

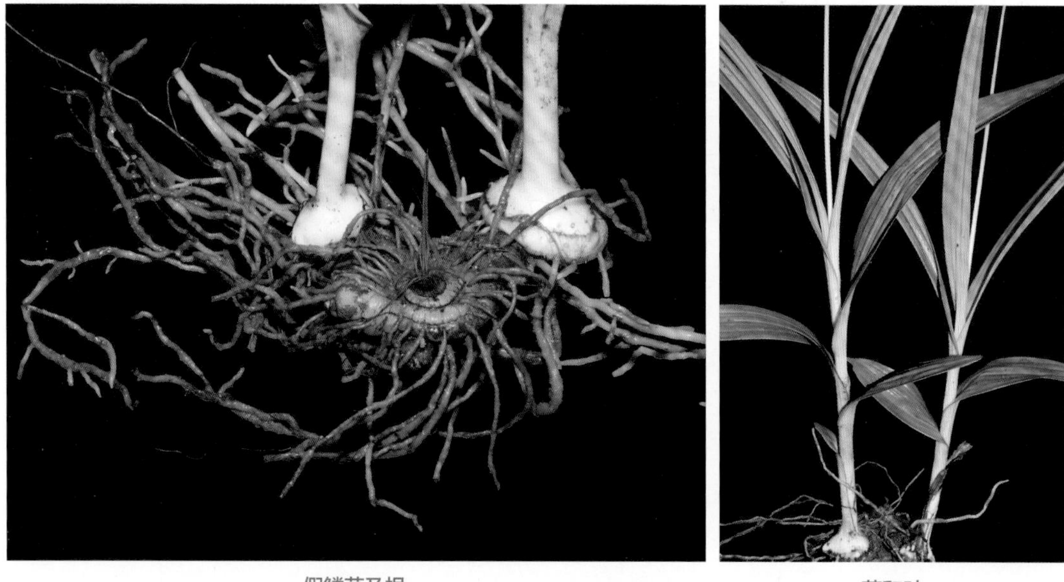

假鳞茎及根　　茎和叶

【叶】长圆状披针形，长 8 ~ 35 cm，宽 1.5 ~ 2.5 cm，先端渐尖或急尖，基部收狭成鞘并抱茎。

【花序】总状花序，具 3 ~ 8 朵花，通常不分枝或极罕分枝；花序轴或多或少呈“之”字状折曲；花苞片长圆状披针形，先端急尖，开花时凋落。

叶（从上至下：茎下部叶、中部叶、上部叶）

花序

【花】中等大；萼片和花瓣近等长，长圆形，长 15 ~ 20 mm，宽 5 ~ 7 mm，先端钝或稍尖；唇瓣椭圆形，白色或淡黄色，在中部以上 3 裂；侧裂片直立，斜长圆形，围抱蕊柱，先端钝；中裂片近正方形，边缘微波状，先端微凹；唇盘上面具 5 条纵脊状褶片。

【合蕊柱】蕊柱长约 15 mm，柱状，具狭翅，稍弓曲。

花部解剖

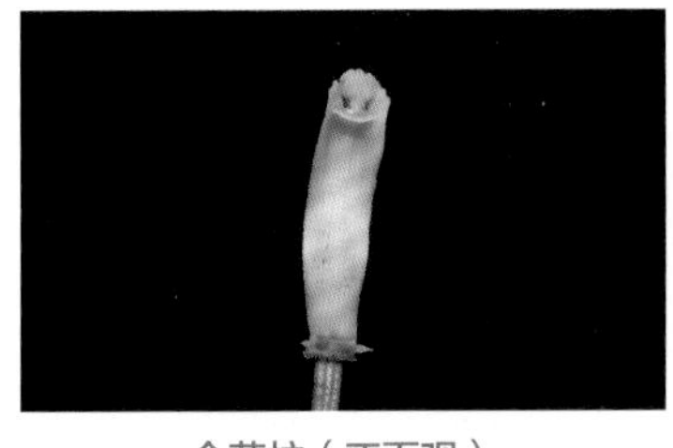

合蕊柱（正面观）

合蕊柱（侧面观）

合蕊柱（反面观）

果

【果】蒴果长圆状纺锤形。

【物候】花期 6—7 月。

【生境分布】分布于陕西、甘肃、云南、贵州、四川、重庆、湖北、湖南、河南、广西等地海拔 300 ~ 2350 m 的常绿阔叶林、针叶林或灌丛下、草丛中或沟边；阴条岭保护区分布于杨柳池海拔 1400 ~ 1600 m 的山坡草丛中。

37 白及（鸡头黄精）

【科属】兰科 Orchidaceae 白及属 *Bletilla*

【学名】*Bletilla striata*（Thunb.）Rchb. f.

【级别】国家Ⅱ级，红色名录濒危（EN），CITES 附录Ⅱ

【生活型】草本，植株高达 60 cm。

植株及生境（野生）

植株及生境（栽培）

植株

被子植物

【假鳞茎和根】地下假鳞茎扁球形，上面具荸荠似的环带，富黏性；其上着生较多须根。

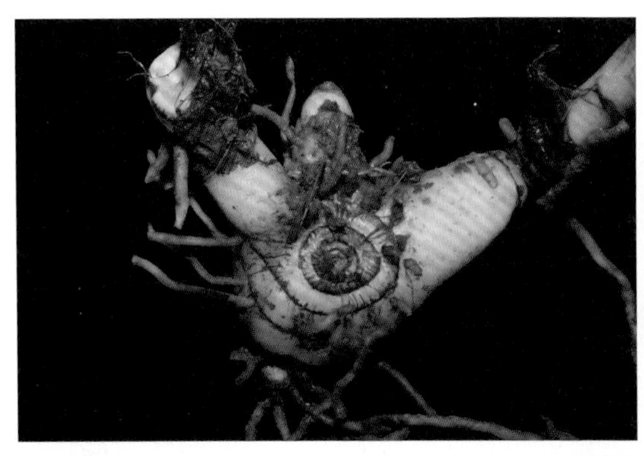
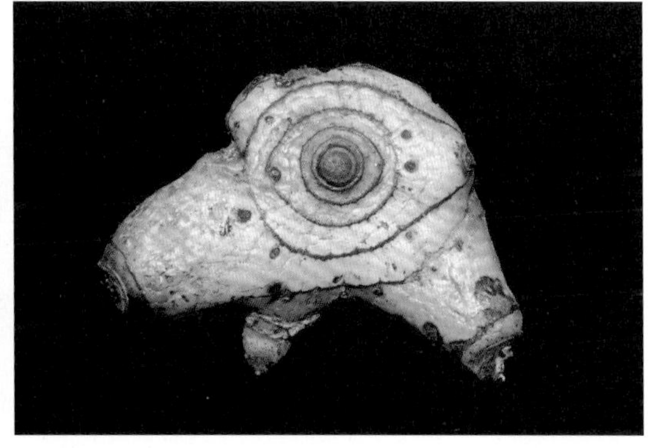

假鳞茎（新鲜）

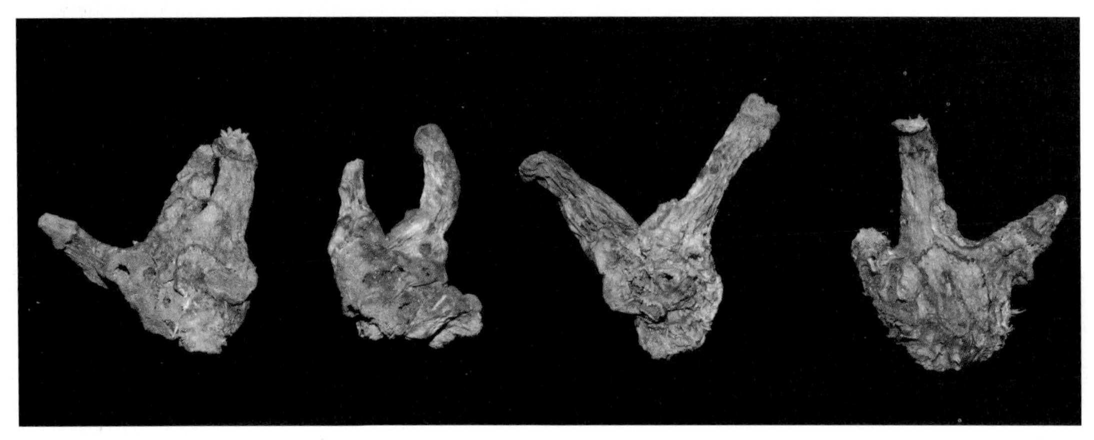

假鳞茎（干燥）

【茎和叶】地上茎粗壮，劲直；叶 4 ~ 6 枚，狭长圆形或披针形，长 8 ~ 30 cm，宽 2 ~ 4 cm，先端渐尖，基部收狭成鞘并抱茎。

【花序】总状花序，具 3 ~ 10 朵花，常不分枝或极罕分枝；花序轴或多或少呈“之”字状曲折；花苞片长圆状披针形，长 2 ~ 2.5 cm，开花时常凋落。

叶（上：茎基部叶；下：茎上部叶）

花序

被子植物

【**花**】花大，紫红色或粉红色；萼片和花瓣近等长，狭长圆形，长 25 ~ 30 mm，宽 6 ~ 8 mm，先端急尖；花瓣较萼片稍宽。

【**唇瓣**】唇瓣较萼片和花瓣稍短，倒卵状椭圆形，白色带紫红色，具紫色脉；唇盘上面具 5 条纵褶片，从基部伸至中裂片近顶部，仅在中裂片上面为波状。

【**合蕊柱**】蕊柱长 18 ~ 20mm，柱状，具狭翅，稍弓曲。

花部解剖

唇瓣（正面观）

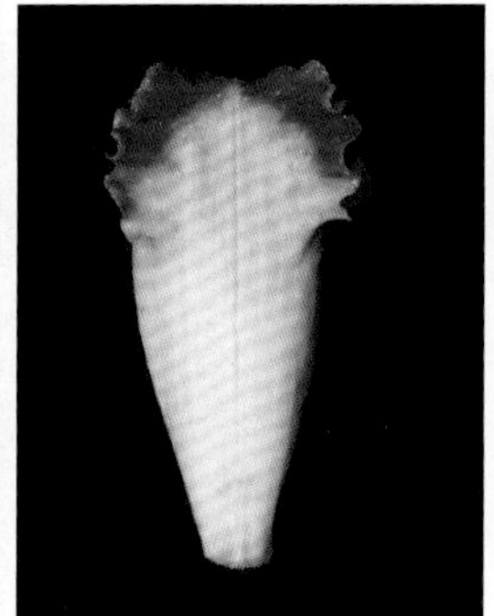

唇瓣（反面观）

合蕊柱（正面观）

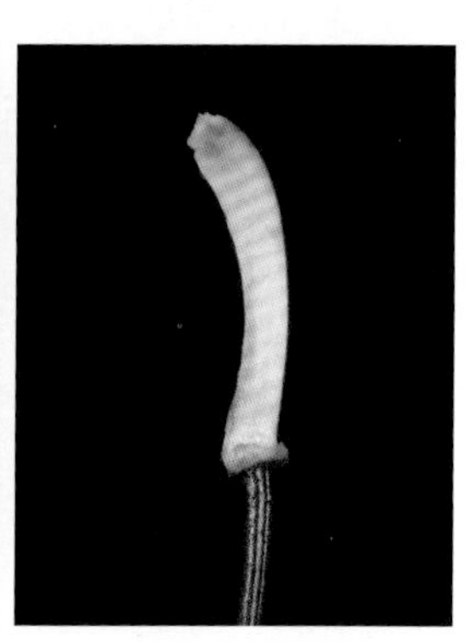

合蕊柱（侧面观）

【**果**】蒴果长圆状纺锤形。

果序（幼嫩）

果序（成熟）

【**物候**】花期 4—5 月。

【**生境分布**】产于秦岭以南的各地，生于海拔 100 ~ 3200 m 的常绿阔叶林、针叶林、路边草丛或岩石缝中；阴条岭保护区分布于兰英、三墩子、黄草坪、西安村等地海拔 1500 ~ 2100 m 的林下。

38 流苏虾脊兰

【科属】兰科 Orchidaceae 虾脊兰属 *Calanthe*

【学名】*Calanthe alpina* Hook. f. ex Lindl.

【级别】CITES 附录Ⅱ

【生活型】草本，植株高达 45 cm。

生境

植株

【假鳞茎和根】地下假鳞茎短小，狭圆锥状，粗约 5 mm；去年生的假鳞茎密被残留纤维。

【茎和叶】地上茎不明显或有时长达 7 cm，具 3 枚鞘；叶 3 枚，在花期全部展开，椭圆形或倒卵状椭圆形，长 10 ~ 25 cm，宽 3 ~ 8 cm，先端圆钝并具短尖或锐尖，基部收狭为鞘状短柄，两面无毛。

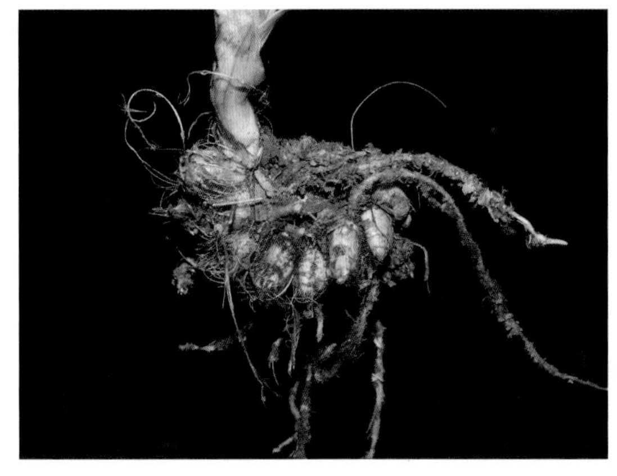

假鳞茎及根

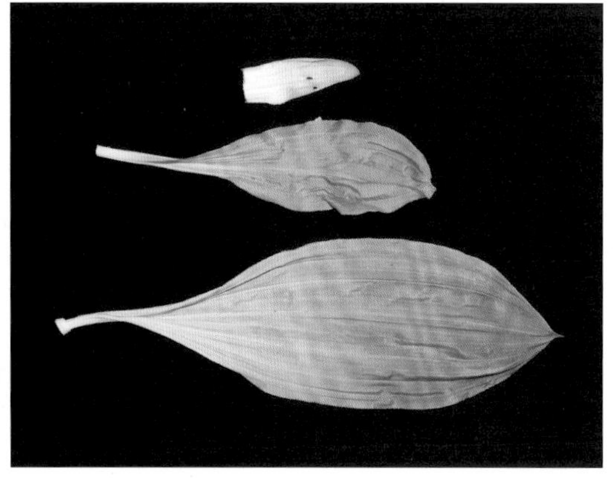

叶（从上往下：茎下部叶、中部叶、上部叶）

被子植物

【**花序**】总状花序具花 3 ~ 10 余朵；花苞片宿存，狭披针形，比花梗和子房短，长约 1.5 cm，先端渐尖，无毛；花梗和子房长约 2 cm，子房稍粗并多少弧曲，疏被短毛。

【**花**】花全体无毛；萼片和花瓣白色带绿色先端或浅紫色，先端急尖或渐尖而呈芒状；中萼片近椭圆形，长 1.5 ~ 2 cm，中部宽 5 ~ 6 mm；侧萼片卵状披针形，等长于中萼片，但较宽；花瓣狭长圆形至卵状披针形，长约 12 mm，中部宽约 4 mm。

花序

花（正面观）

花（侧面观）

花（反面观）

【**唇瓣**】浅白色，后部黄色，前部具紫红色条纹，半圆状扇形，不裂，长约 8 mm，基部宽截形，宽约 1.5 cm，前端边缘具流苏，先端微凹并具细尖；距浅黄色或浅紫堇色，圆筒形，劲直，长 1.5 ~ 3.5 cm，中部粗 3 ~ 4 mm，基部较粗，末端钝。

花部解剖

唇瓣（左：正面观；右：反面观）

【**合蕊柱**】白色，长约 8 mm，上端扩大，无毛。

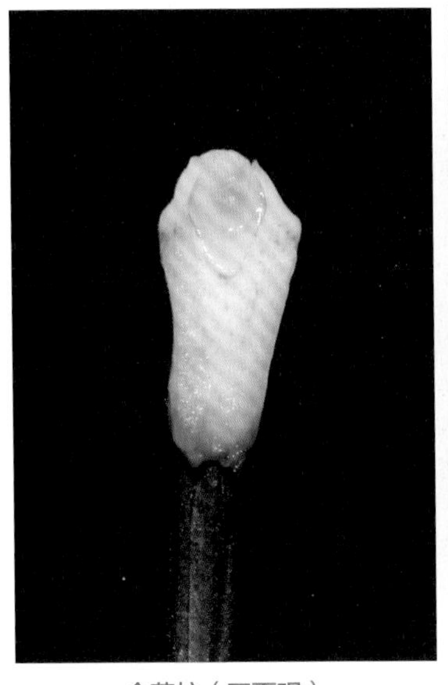

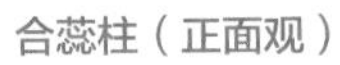

合蕊柱（正面观）

合蕊柱（侧面观）

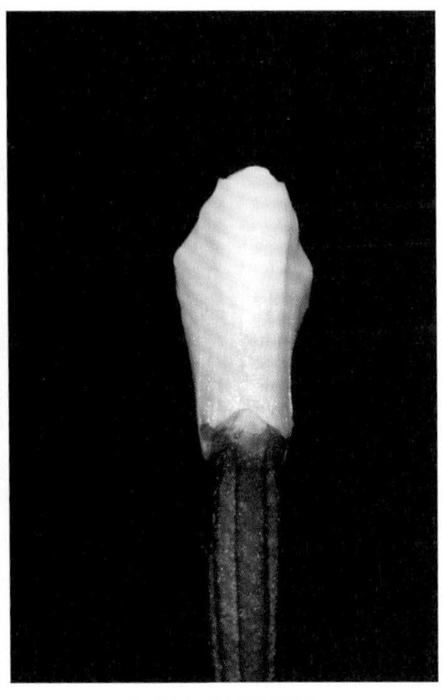

合蕊柱（反面观）

【**果**】蒴果倒卵状椭圆形，长 2 cm，粗约 1.5 cm。

果序（未成熟）

果序（成熟）

【**物候**】花期 6—9 月，果期 11 月。

【**生境分布**】分布于甘肃南部、陕西、西藏东南部和南部、云南、四川、重庆等地海拔 1500 ~ 3500 m 的山地林下和草坡上；阴条岭保护区分布于转坪、阴条岭等地海拔 2000 ~ 2600 m 的林下。

39 剑叶虾脊兰

【科属】兰科 Orchidaceae 虾脊兰属 *Calanthe*

【学名】*Calanthe davidii* Franch.

【级别】CITES 附录Ⅱ

【生活型】草本，植株高达 90 cm。

【假鳞茎和根】假鳞茎通常长 4 ~ 10 cm，具数枚鞘和 3 ~ 4 枚叶；基部生有多条须根。

植株及生境

植株及生境

植株

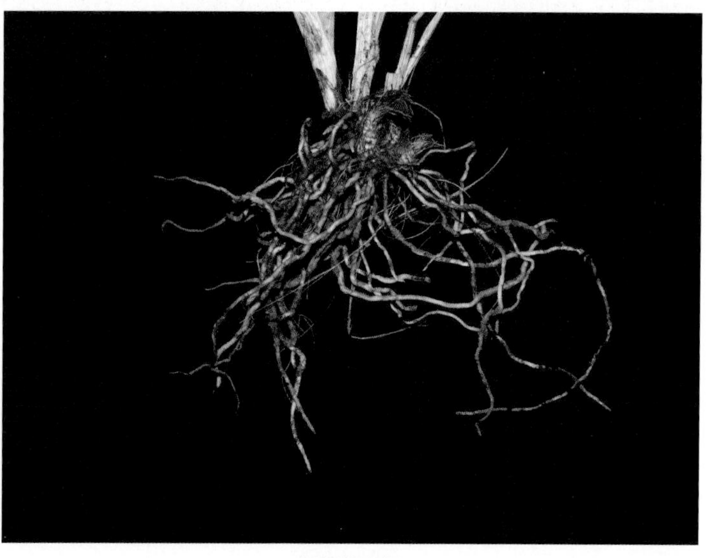

假鳞茎和根

【**叶**】在花期全部展开，剑形或带状，长达 65 cm，宽 1 ~ 2 cm，先端急尖，基部收窄，具 3 条主脉，两面无毛；叶柄不明显或长可达 20 cm。

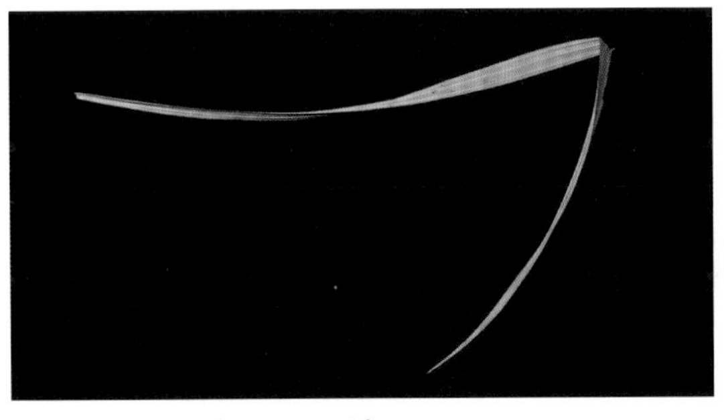

叶

部分叶（左：正面观；右：反面观）

【**花序**】花葶从叶腋抽出，直立，长达 100 cm；花序之下疏生数枚紧贴花序轴的筒状鞘，鞘膜质，下面的长达 10 cm；总状花序长 8 ~ 20 cm，密生许多小花；花苞片宿存，草质，反折，狭披针形，近等长于花梗和子房，长 1 ~ 1.5 cm，基部宽 1.5 ~ 2 mm，先端渐尖，背面被短毛。

花序

花序轴（上部条形苞片）

花序轴（中部披针形苞片）

花序轴（下部筒状鞘）

【**花**】黄绿色或白色；萼片和花瓣反折；萼片相似，近椭圆形，长 6 ~ 9 mm，中部宽约 4 mm，先端锐尖或稍钝，背面近无毛或密被短毛；花瓣狭长圆状倒披针形，与萼片等长，先端钝或锐尖，基部收窄为爪，无毛；唇瓣的轮廓为宽三角形，3 裂；侧裂片长圆形、镰状长圆形至卵状三角形，先端斜截形或钝；中裂片先端 2 裂，在裂口中央具 1 个短尖；小裂片近长圆形，较侧裂片狭，向外叉开；唇盘在两侧裂片之间具 3 条等长或中间 1 条较长的鸡冠状褶片，有时褶片延伸到近中裂片的先端；距圆筒形，镰刀状弯曲，比花梗和子房短或稍长，长 5 ~ 12 mm；蕊柱粗短，长约 3 mm，上端扩大，近无毛或被疏毛。

花（正面观）

花（侧面观）

花（反面观）

花部解剖

果序（幼嫩）

【果】蒴果卵球形，长约 13 mm，粗 7 mm。

【物候】花期 6—7 月，果期 9—10 月。

【生境分布】分布于西藏、云南、贵州、甘肃、陕西、四川、重庆、湖北、湖南、台湾等地海拔 500 ～ 3300 m 的山谷、溪边或林下；阴条岭保护区分布于兰英、龙洞湾、击鼓坪、蛇梁子、三墩子等地海拔 1200 ～ 2200 m 的林下。

果序（成熟）

40 药山虾脊兰

【科属】兰科 Orchidaceae 虾脊兰属 *Calanthe*

【学名】*Calanthe yaoshanensis* Z. X. Ren & H. Wang

【级别】红色名录濒危（EN），CITES 附录Ⅱ

【生活型】草本，植株高 20 ~ 50 cm。

【假鳞茎和根】假鳞茎圆锥状，长约 1.6 cm，直径 1.5 cm，生有多数肉质根。

【叶】3 ~ 5 片，椭圆状披针形或长椭圆状披针形，长 10 ~ 30 cm，宽 5 ~ 10 cm，先端钝。

生境

植株

假鳞茎及根

叶（从左往右：茎下部叶、中部叶、上部叶）

被子植物

【**花序**】花葶从叶腋生出，长达 20 cm，总状花序疏生 8 ~ 15 朵花。

花序

【**花**】萼片近相等，顶生萼片，黄绿色，狭椭圆形，长约 1.5 cm，宽 8 mm，具 5 条脉；侧生萼片较顶生萼片稍狭，宽约 6 mm；花瓣披针形，长约 1.3 cm，宽 4 mm，具 3 条脉，先端锐尖；唇瓣 3 裂，与合蕊柱基部合生；侧裂片近匙形，顶端微凹，长约 6 mm，宽 3 mm，中裂片椭圆形，顶端微凹并在凹处具 1 细短尖，长约 9 mm，宽 7 mm，黄绿色，花期向后反卷，中央具 3 枚三角形褶片；距很短，长 1 ~ 3 mm，向末端变狭，里面被毛；蕊柱长约 8 mm。

花（正面观）

花（反面观）

花（侧面观）

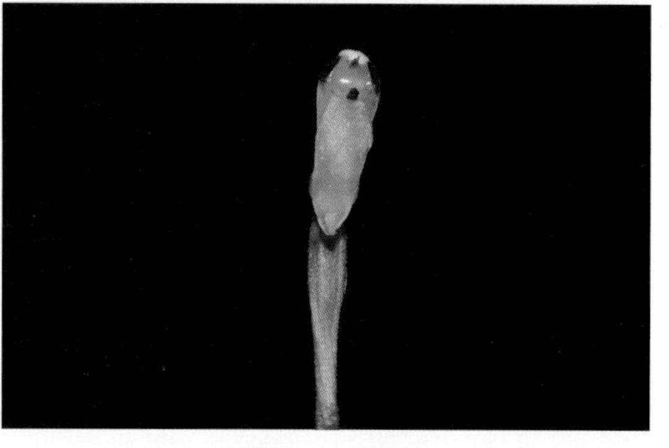

合蕊柱（正面观）

被子植物

【**果**】蒴果卵圆形，长 3 cm，直径 1 cm。

花部解剖

果序

果（幼嫩）

成熟果及解剖

【**物候**】花期 4—6 月，果期 5—10 月。

【**生境分布**】分布于云南东北部、陕西西南部、重庆巫溪（重庆市新记录种）；阴条岭保护区分布于转坪、阴条岭等地海拔 2250 ~ 2600 m 的林下路边。

41 银 兰

【科属】兰科 Orchidaceae 头蕊兰属 *Cephalanthera*

【学名】*Cephalanthera erecta*（Thunb.）Blume

【级别】重庆市级，CITES 附录Ⅱ

【生活型】地生草本，植株高 10 ~ 30 cm。

生境

植株

【根状茎和根】根状茎缩短，其上着生成簇的肉质纤维根。

【茎】纤细，直立，下部具 2 ~ 4 枚鞘，中部以上具 2 ~ 4 枚叶。

【叶】叶片椭圆形至卵状披针形，长 2 ~ 8 cm，先端急尖或渐尖，基部收狭并抱茎。

根状茎和根

叶（左：反面观；右：正面观）

【花序】总状花序长 2 ~ 8 cm，具 3 ~ 10 朵花；花序轴有棱；花苞片通常较小，狭三角形至披针形，长 1 ~ 3 mm，最下面 1 枚常为叶状，有时长可达花序的一半或与花序等长。

花序

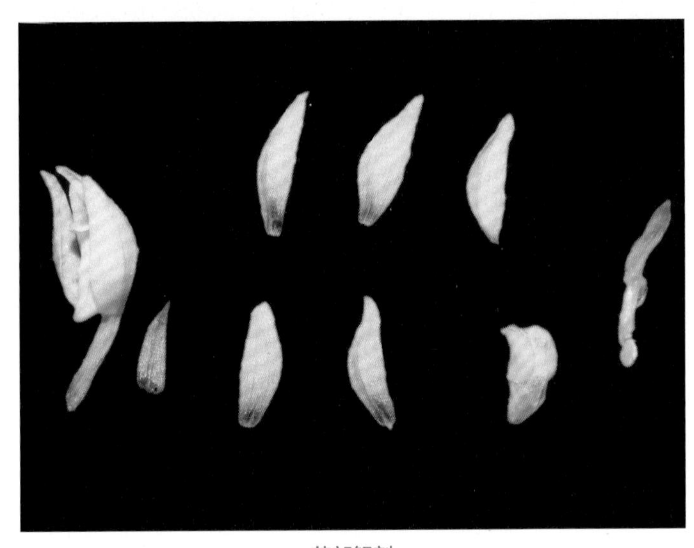

花部解剖

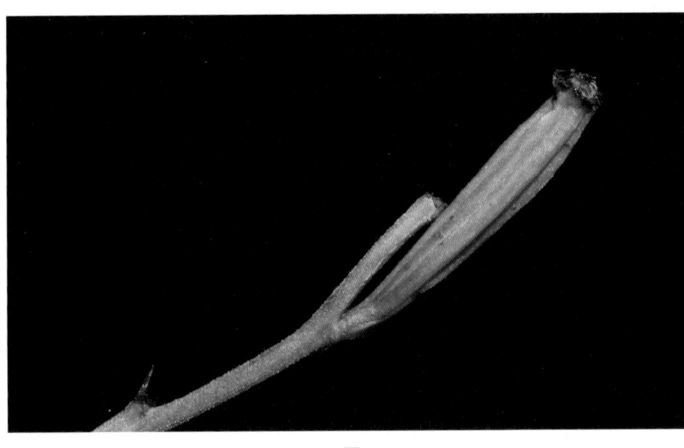

果

【花】白色；萼片长圆状椭圆形，长 8 ~ 10 mm，宽 2.5 ~ 3.5 mm，先端急尖或钝；花瓣与萼片相似，但稍短；唇瓣长 5 ~ 6 mm，3 裂，基部有距；侧裂片卵状三角形或披针形；中裂片近心形或宽卵形，长约 3 mm，宽 4 ~ 5 mm，上面有 3 条纵褶片；距圆锥形，长约 3 mm，末端稍锐尖，伸出侧萼片基部之外；蕊柱长 3.5 ~ 4 mm。

【果】蒴果狭椭圆形或宽圆筒形。

【物候】花期 4—6 月，果期 8—9 月。

【生境分布】分布于云南、陕西、甘肃、贵州、四川、重庆、湖北、湖南、安徽、浙江、江西、广东、广西、台湾等地海拔 850 ~ 2300 m 的林下、灌丛中或沟边；阴条岭保护区分布于林口子、蛇梁子、熊家屋场、龙洞湾等地海拔 1400 ~ 1800 m 的林下。

42 独花兰

【科属】兰科 Orchidaceae 独花兰属 *Changnienia*

【学名】*Changnienia amoena* S. S. Chien

【级别】国家Ⅱ级，红色名录濒危（EN），CITES 附录Ⅱ

【生活型】草本，植株高达 25 cm。

生境

植株

被子植物

【假鳞茎和根】假鳞茎近椭圆形或宽卵球形，长 1.5 ~ 2.5 cm，宽 1 ~ 2 cm，肉质，近淡黄白色，有 2 节，被膜质鞘；节间生有肉质根。

【叶】1 枚，宽卵状椭圆形至宽椭圆形，长 5 ~ 10 cm，宽 5 ~ 8 cm，先端急尖或短渐尖，基部圆形或近截形，背面紫红色；叶柄长 3 ~ 8 cm。

假鳞茎及根

假鳞茎和叶（正面观）

假鳞茎和叶（反面观）

花

【花】花葶长 10 ~ 17 cm，紫色，具 2 枚鞘；鞘膜质，下部抱茎，长 3 ~ 4 cm。花苞片小，凋落；花梗和子房长 7 ~ 9 mm；花大，白色而带肉红色或淡紫色晕，唇瓣有紫红色斑点；萼片长圆状披针形，长约 3 cm，先端钝；侧萼片稍斜歪；花瓣狭倒卵状披针形，长 2.5 ~ 3 cm，先端钝；唇瓣略短于花瓣，3 裂，基部有距；侧裂片直立，斜卵状三角形，较大，宽 1 ~ 1.3 cm；中裂片平展，宽倒卵状方形，先端和上部边缘具不规则波状缺刻；在两枚侧裂片之间具 5 枚褶片状附属物；距角状，稍弯曲，长约 2 cm，基部宽 7 ~ 10 mm，向末端渐狭，末端钝。

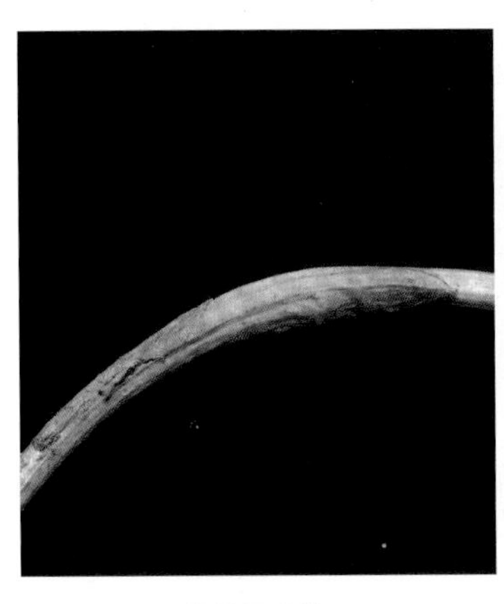

花葶及苞片

花（正面观）

花（反面观）

花（侧面观）

花部解剖

【合蕊柱】蕊柱长 1.8 ~ 2.1 cm，两侧有宽翅。

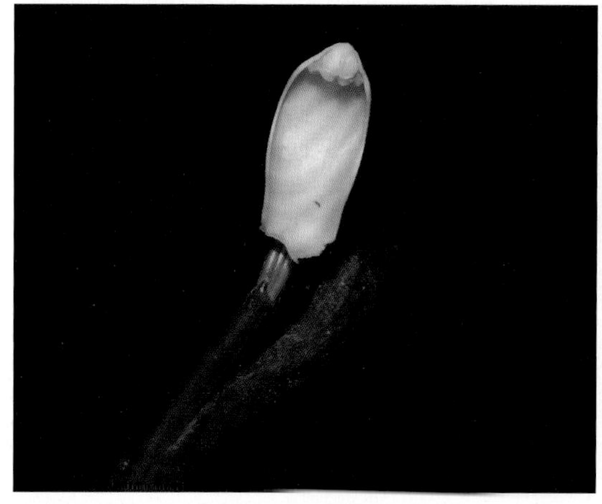

合蕊柱（正面观）

合蕊柱（侧面观）

果

【物候】花期 4 月，果期 9—10 月。

【生境分布】我国特有植物，分布于甘肃、陕西、四川、重庆、湖北、湖南、安徽、浙江、江西、江苏等地海拔 400 ~ 1800 m 的疏林下；阴条岭保护区分布于黄草坪、西安村、千子拔等地海拔 1400 ~ 2200 m 的林下。

43 中华叉柱兰

【科属】兰科 Orchidaceae 叉柱兰属 *Cheirostylis*

【学名】*Cheirostylis chinensis* Rolfe

【级别】CITES 附录Ⅱ

【生活型】附生草本，植株高 6 ~ 20 cm。

生境

植株

被子植物

【**根状茎**】匍匐，肉质，具节，呈毛虫状。

【**茎和叶**】茎圆柱形，直立或近直立，淡绿色，无毛，具 2 ~ 4 枚叶。叶片卵形至阔卵形，绿色，膜质，长 1 ~ 3 cm，宽 7.5 ~ 17 mm，先端急尖，基部近圆形，骤狭成柄；叶柄长 3 ~ 10 mm，下部扩大成抱茎的鞘。

根状茎

茎和叶

【**花序**】花茎顶生，长 8 ~ 20 cm，被毛，具 3 ~ 4 枚鞘状苞片；总状花序具 2 ~ 5 朵花；花苞片长圆状披针形，凹陷，长 5 ~ 8 mm，先端长渐尖，背面被毛。

花序（正面观）

花序（侧面观）

被子植物

【花】花小；萼片长 3 ~ 4 mm，膜质，近中部合生成筒状，外面被疏毛，分离部分为三角状卵形，长约 1.8 mm，先端近钝；花瓣白色，膜质，偏斜，弯曲，狭倒披针状长圆形，呈镰刀状，长 3 ~ 4 mm，中部宽 1.2 ~ 1.5 mm，先端钝，具 1 脉，与中萼片紧贴；唇瓣白色，直立，长 7 ~ 8 mm，基部稍扩大，囊状，囊内两侧各具 1 枚梳状、带 3 ~ 6 枚齿且扁平的胼胝体，中部收狭成爪，爪短，前部极扩大，扇形，长约 5 mm，2 裂，2 裂片平展时宽 7 ~ 8 mm，裂片边缘具 4 ~ 5 枚不整齐的齿；蕊柱短，长约 1 mm，蕊柱的 2 枚臂状附属物直立，与蕊喙的 2 裂片近等长；柱头 2 个，较小，位于蕊喙的基部两侧。

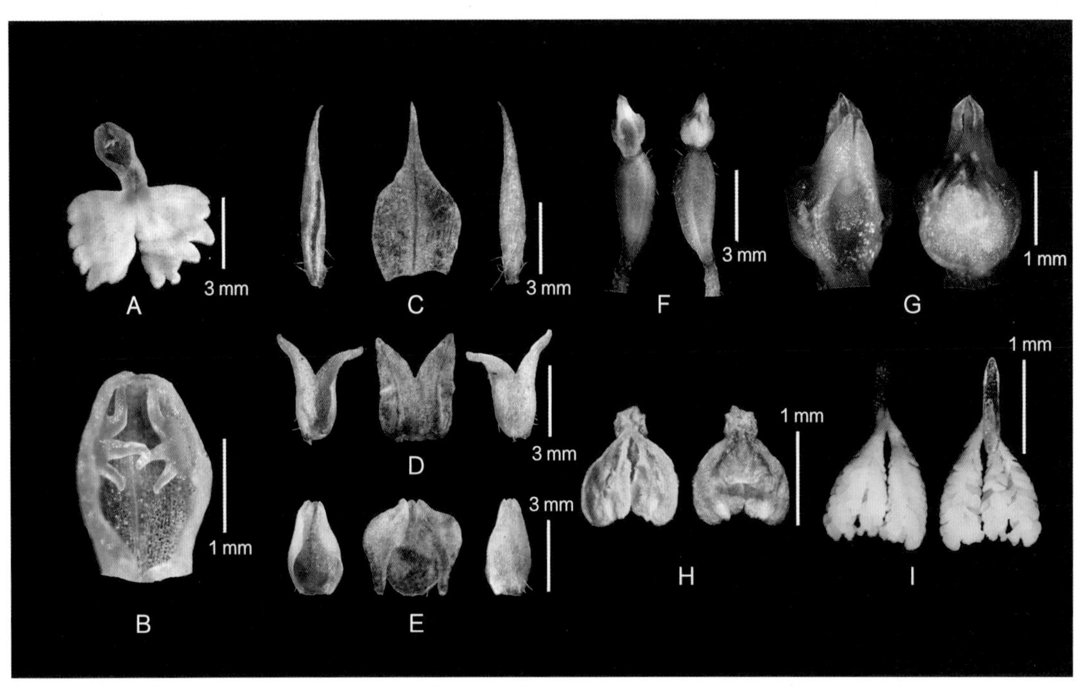

花部解剖（A. 唇瓣 B. 胼胝体 C. 苞片 D. 侧萼片 E. 花瓣和中裂片 F. 蒴果 G. 合蕊柱 H. 花粉块囊 I. 花粉团）

【物候】花期 2—4 月。

【生境分布】分布于贵州、重庆巫溪和巫山（重庆市新记录属和新记录种）、福建、湖南、浙江、江西、广西、台湾、香港等地海拔 200 ~ 800 m 的山坡或溪旁林下的潮湿石上或地上；阴条岭保护区目前仅分布于兰英河谷海拔 600 ~ 700 m 的石灰岩壁上腐殖质土中。

被子植物

44 杜鹃兰

【科属】兰科 Orchidaceae 杜鹃兰属 *Cremastra*

【学名】*Cremastra appendiculata*（D. Don）Makino

【级别】国家Ⅱ级，红色名录易危（VU），CITES 附录Ⅱ

【生活型】草本，植株高 20 ～ 50 cm。

生境

植株

植株（花蕾）

植株（盛开）

被子植物

【假鳞茎和根】假鳞茎卵球形或近球形，长 1.5 ~ 3 cm，直径 1 ~ 3 cm，密接，有关节，外被撕裂成纤维状的残存鞘；基部密生多数纤维根。

【叶】通常 1 枚，生于假鳞茎顶端，狭椭圆形、近椭圆形或倒披针状狭椭圆形，长 18 ~ 30 cm，宽 5 ~ 8 cm，先端渐尖，基部收狭，近楔形；叶柄长 5 ~ 15 cm。

假鳞茎及根

叶

【花序】花葶从假鳞茎上部节上发出，近直立；总状花序长 10 ~ 15 cm，具 5 ~ 20 朵花；花苞片披针形至卵状披针形，长 5 ~ 12 mm；花梗和子房长 5 ~ 10 mm。

花序（淡黄色）

花序（紫红色）

花部解剖

【花】常偏花序一侧，多少下垂，不完全开放，有香气，狭钟形，淡紫褐色；萼片倒披针形，从中部向基部骤然收狭而成近狭线形，长 2 ~ 3 cm，上部宽 3.5 ~ 5 mm，先端急尖或渐尖；侧萼片略斜歪；花瓣倒披针形或狭披针形，向基部收狭成狭线形，长 2 ~ 2.5 cm，上部宽 3 ~ 3.5 mm，先端渐尖。

被子植物

【**唇瓣**】与花瓣近等长，线形，上部 1/4 处 3 裂；侧裂片近线形，长 4 ~ 5 mm；中裂片卵形至狭长圆形，长 6 ~ 8 mm，宽 3 ~ 5 mm，基部在两枚侧裂片之间具 1 枚肉质突起，肉质突起大小变化甚大。

【**合蕊柱**】蕊柱细长，长 1.8 ~ 2.5 cm，顶端略扩大。

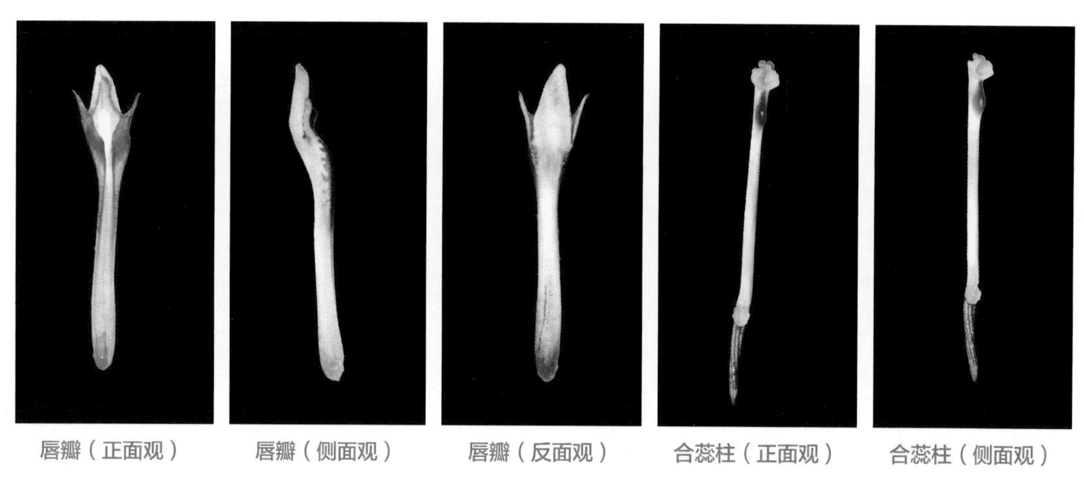

唇瓣（正面观）　唇瓣（侧面观）　唇瓣（反面观）　合蕊柱（正面观）　合蕊柱（侧面观）

【**果**】蒴果近椭圆形，下垂，长 2.5 ~ 3 cm，宽 1 ~ 1.3 cm。

果序

果

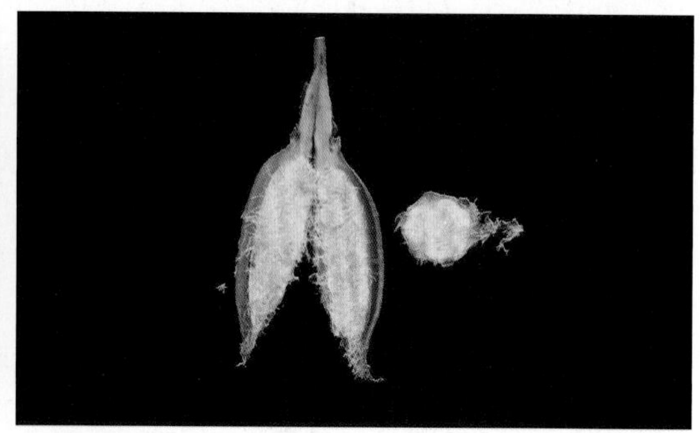

果部解剖及种子

【**物候**】花期 5—6 月，果期 9—12 月。

【**生境分布**】分布于西藏、山西、云南、贵州、甘肃、四川、重庆、湖北、湖南、陕西、河南、江苏、安徽、浙江、江西、广东、广西、台湾等地海拔 500 ~ 2900 m 的潮湿林下；阴条岭保护区分布于林口子、三墩子等地海拔 1400 ~ 2200 m 的阔叶林下。

45 春 兰

【科属】兰科 Orchidaceae 兰属 *Cymbidium*

【学名】*Cymbidium goeringii*（Rchb. f.）Rchb. f.

【级别】国家Ⅱ级，红色名录易危（VU），CITES 附录Ⅱ

【生活型】草本，地生植物。

【假鳞茎和根】假鳞茎较小，卵球形，长 1 ~ 2.5 cm，宽 1 ~ 1.5 cm，包藏于叶基内；根肉质，成束位于假鳞茎基部。

生境

植株

根

被子植物

【叶】叶 4 ~ 7 枚，带形，通常较短小，长 20 ~ 50 cm，宽 5 ~ 8 mm，下部常多少对折而呈“V”形，边缘无齿或具细齿。

【花序】花葶从假鳞茎基部外侧叶腋中抽出，直立，长 3 ~ 18 cm，明显短于叶；花序常具单朵花，极罕 2 朵；花苞片长而宽，一般长 4 ~ 5 cm；花梗和子房长 2 ~ 4 cm。

花序（示：花亭、苞片和花）

【花】色泽变化较大，通常为绿色或淡褐黄色，有香气；萼片近长圆形至长圆状倒卵形，长 2.5 ~ 4 cm，宽约 10 mm；花瓣倒卵状椭圆形至长圆状卵形，长 1.7 ~ 3 cm，与萼片近等宽；唇瓣近卵形，长 1.4 ~ 2.8 cm，不明显 3 裂；侧裂片直立，具小乳突，在内侧靠近纵褶片处各有 1 个肥厚的皱褶状物；中裂片较大，强烈外弯，上面亦有乳突，边缘略呈波状；唇盘上 2 条纵褶片从基部上方延伸至中裂片基部以上，上部向内倾斜并靠合，多少形成短管状；蕊柱长 1.2 ~ 1.8 cm，两侧有较宽的翅。

花部解剖

花（正面观）

花（侧面观）　　　　花（反面观）

【**果**】蒴果狭椭圆形，长 6 ~ 8 cm，宽 2 ~ 3 cm。

果

【**物候**】花期 2—4 月。

【**生境分布**】我国长江流域以南各省均有分布，多生于海拔 300 ~ 2200 m 的山坡、林缘、林中透光处；阴条岭保护区分布于兰英、红旗、林口子、龙王岭、千子拔、黄草坪等地海拔 1200 ~ 1800 m 的林下。

46 绿花杓兰

【科属】兰科 Orchidaceae 杓兰属 *Cypripedium*

【学名】*Cypripedium henryi* Rolfe

【级别】国家Ⅱ级，CITES 附录Ⅱ

【生活型】草本，植株高 30 ~ 60 cm。

【根状茎和根】根状茎粗短、横走，其上生有细长肉质根。

生境

植株

根状茎和根

【茎】地上茎直立，被短柔毛，基部具数枚鞘，鞘上方具 4 ~ 5 枚叶。

【叶】椭圆状至卵状披针形，长 10 ~ 18 cm，宽 6 ~ 8 cm，先端渐尖，无毛或在背面近基部被短柔毛。

茎（基部）　茎（上部）　叶（正面观）　叶（反面观）

【花序】总状花序顶生，通常具 2 ~ 3 朵花；花苞片叶状，卵状披针形或披针形，长 4 ~ 10 cm，宽 1 ~ 3 cm，先端尾状渐尖，通常无毛，偶见背面脉上被疏柔毛；花梗和子房密被白色腺毛。

花序（正面观）　花序（侧面观）

【花】绿色至绿黄色；中萼片卵状披针形，长 3.5 ~ 4.5 cm，宽 1 ~ 1.5 cm，先端渐尖，背面脉上和近基部稍有短柔毛；合萼片与中萼片相似，先端 2 浅裂；花瓣线状披针形，长 4 ~ 5 cm，宽 5 ~ 7 mm，先端渐尖，通常稍扭转，内表面基部和背面中脉上有短柔毛；唇瓣深囊状，椭圆形，长 2 cm，宽 1.5 cm，囊底有毛，囊外无毛。

花

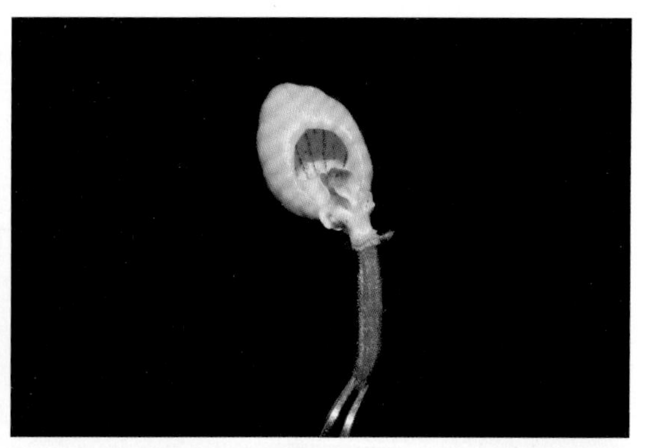

唇瓣

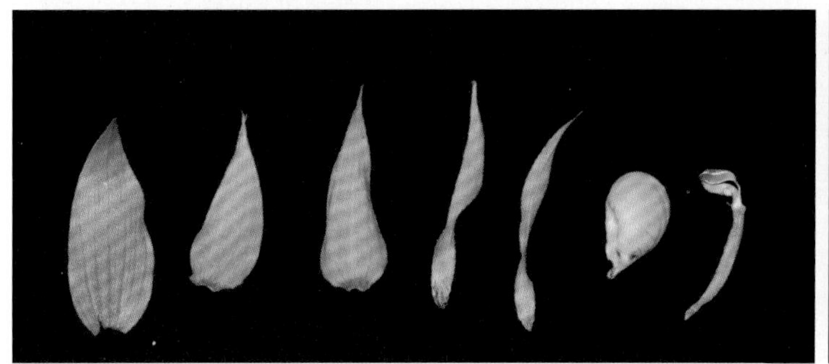

花部解剖

合蕊柱（正面观） 合蕊柱（侧面观）

【果】蒴果近椭圆形或狭椭圆形，长达 3.5 cm，宽约 1.2 cm，被毛。

果（幼嫩）

果（成熟）

果部解剖

【物候】花期 4—5 月，果期 7—9 月。

【生境分布】我国特有植物，分布于山西、甘肃、陕西、云南、四川、贵州、重庆、湖北、湖南等地海拔 800 ~ 2800 m 的疏林下、林缘、灌丛坡地上；阴条岭保护区分布于林口子、红旗、兰英等地海拔 1200 ~ 1600 m 的林下。

47 离萼杓兰

【科属】兰科 Orchidaceae 杓兰属 *Cypripedium*

【学名】*Cypripedium plectrochilum* Franch.

【级别】CITES 附录Ⅱ

【生活型】草本，植株高达 30 cm。

生境

植株

【根状茎和根】具粗壮、较短的根状茎，其上着生较多肉质根。

【茎和叶】地上茎直立，被短柔毛，基部具数枚鞘，鞘上方通常具 3 枚叶。叶片椭圆形，长 3 ~ 5 cm，宽 1 ~ 3.5 cm，先端急尖，上面近无毛。

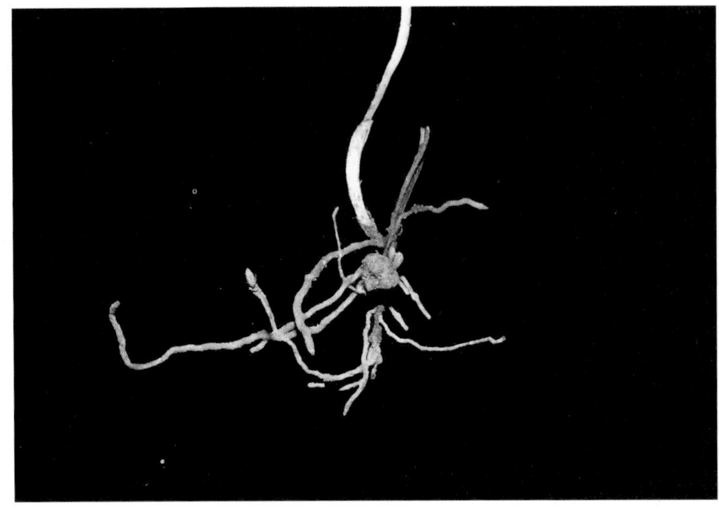
根状茎和根

茎和叶

被子植物

【**花序**】花序顶生，具1花；花序柄纤细，被短柔毛；花苞片叶状，椭圆状披针形或披针形，长2 cm，宽0.6 mm，先端渐尖，边缘略有缘毛。

花序

花（正面观）

花（侧面观）

【**花**】花梗和子房密被短柔毛；萼片栗褐色或淡绿褐色，花瓣淡红褐色或栗褐色并有白色边缘，唇瓣白色而有粉红色晕；中萼片卵状披针形，长约1.5 cm，宽0.6 mm，先端急尖，内外基部稍被毛，边缘具细缘毛；侧萼片完全离生，线状披针形，长约1.6 cm，宽约2 mm，先端渐尖或急尖，基部与边缘亦具与中萼片相似的毛；花瓣线形，长约1.8 cm，宽1 ~ 2 mm，内表面基部具短柔毛；唇瓣深囊状，倒圆锥形，长约2 cm，宽约1 cm，末端钝，囊口周围具短柔毛，囊底亦有毛；退化雄蕊宽倒卵形，基部具很短的柄，背面有龙骨状突起。

【**果**】蒴果狭椭圆形，有棱，棱上被短柔毛。

花部解剖

果（幼嫩）

被子植物

【**物候**】花期4—6月，果期7月。

【**生境分布**】分布于西藏东南部、云南中部至西北部、甘肃东南部、四川西部、贵州北部、重庆巫溪（重庆市新记录种）、湖北西部等地海拔1500 ~ 3600 m的林下、林缘、灌丛中或草坡上；阴条岭保护区仅分布于林口子附近海拔1300 ~ 1500 m的针阔混交林下。

48 扇脉杓兰

【科属】兰科 Orchidaceae 杓兰属 *Cypripedium*

【学名】*Cypripedium japonicum* Thunb.

【级别】国家Ⅱ级，CITES 附录Ⅱ

【生活型】草本，植株高 35 ~ 55 cm。

生境

【根状茎和根】具较细长、横走的根状茎，根状茎上着生肉质根。

【茎】直立，被褐色长柔毛，基部具数枚鞘，顶端生叶。

根状茎和根

地上茎和叶鞘

【叶】通常 2 枚，近对生，位于植株近中部处；叶片扇形，长 10 ~ 16 cm，宽 10 ~ 20 cm，上半部边缘呈钝波状，基部近楔形，具扇形辐射状脉直达边缘，两面在近基部处均被长柔毛，边缘具细缘毛。

叶（正面观）

叶（侧面观）

【花】花序顶生，具 1 花；花序轴亦被褐色长柔毛；花苞片叶状，菱形或卵状披针形，长 2.5 ~ 5 cm，宽 1 ~ 2 cm，两面无毛，边缘具细缘毛；花梗和子房密被长柔毛；花俯垂；萼片和花瓣淡黄绿色，基部多少有紫色斑点，唇瓣淡黄绿色至淡紫白色，多少有紫红色斑点和条纹；中萼片狭椭圆形或狭椭圆状披针形，长 4.5 ~ 5.5 cm，宽 1.5 ~ 2 cm，先端渐尖，无毛；合萼片与中萼片相似，长 4 ~ 5 cm，宽 1.5 ~ 2.5 cm，先端 2 浅裂；花瓣斜披针形，长 4 ~ 5 cm，宽 1 ~ 1.2 cm，先端渐尖，内表面基部具长柔毛；唇瓣下垂，囊状，近椭圆形或倒卵形，长 4 ~ 5 cm，宽 3 ~ 3.5 cm；囊口略狭长并位于前方，周围有明显凹槽并呈波浪状齿缺；退化雄蕊椭圆形，长约 1 cm，宽 6 ~ 7 mm，基部有短耳。

花（正面观）

花（侧面观）

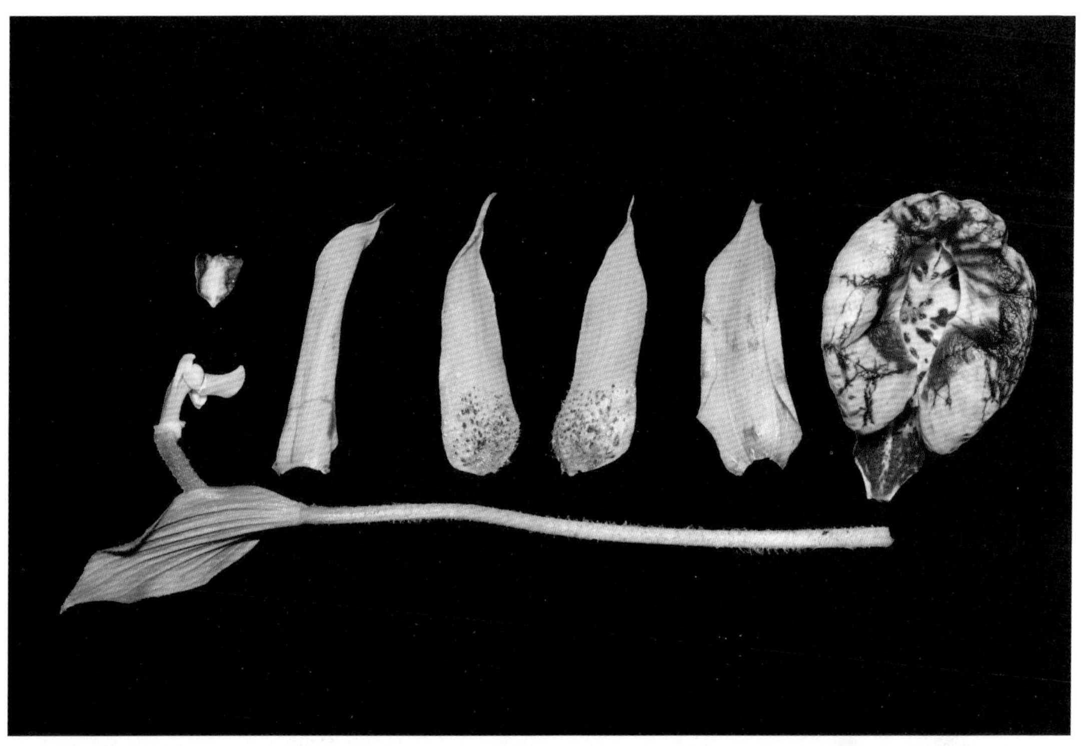

花部解剖

合蕊柱（正面观）

合蕊柱（侧面观）

【果】蒴果近纺锤形，长 4.5 ~ 5 cm，宽 1.2 cm，疏被微柔毛。

【物候】花期 4—5 月，果期 6—10 月。

【生境分布】分布于云南、四川、甘肃、陕西、贵州、重庆、湖北、湖南、安徽、浙江、江西、河南等地海拔 1000 ~ 2000 m 的林下、灌木林下、林缘、溪谷旁；阴条岭保护区分布于黄草坪、骡马店、西安村等地海拔 1600 ~ 2200 m 的林下。

49 凹舌兰

【科属】兰科 Orchidaceae 掌裂兰属 *Dactylorhiza*

【学名】*Dactylorhiza viridis*（L.）R. M. Bateman, Pridgeon & M. W. Chase

【级别】CITES 附录Ⅱ

【生活型】草本，植株高达 45 cm。

生境

植株

【块茎和根】地下块茎肉质，前部呈掌状分裂，其上着生肉质根。

【茎和叶】茎直立，基部具 2 ~ 3 枚筒状鞘，鞘之上具叶，叶之上常具 1 至数枚苞片状小叶；叶 3 ~ 5 枚，叶片卵状长圆形、椭圆形或椭圆状披针形，直立伸展，长 5 ~ 12 cm，宽 1.5 ~ 5 cm，先端钝或急尖，基部收狭成抱茎的鞘。

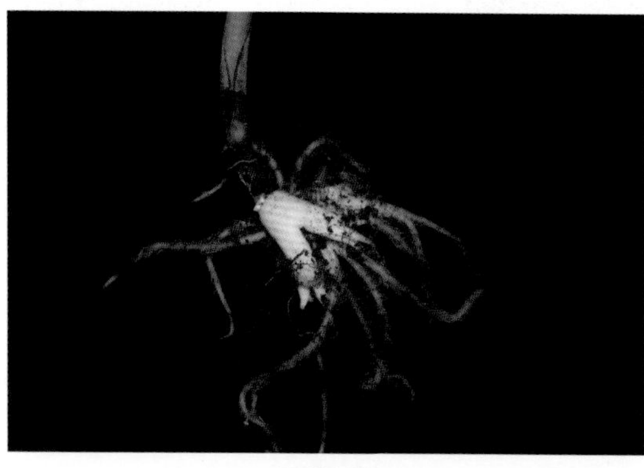
块茎和根

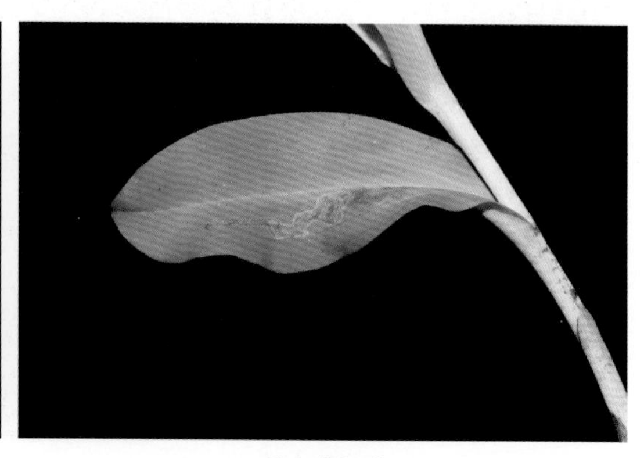
地上茎和叶

【花序】总状花序具多数花，长达 15 cm；花苞片线形或狭披针形，直立伸展，常明显较花长。

花序

【花】绿黄色或绿棕色，直立伸展；萼片基部常稍合生，几等长，中萼片直立，凹陷呈舟状，卵状椭圆形；侧萼片偏斜，卵状椭圆形，长 6 ~ 8 mm，较中萼片稍长，先端钝；花瓣直立，线状披针形，较中萼片稍短；唇瓣下垂，肉质，倒披针形，较萼片长，基部具囊状距，上面在近基部的中央有 1 条短的纵褶片，前部 3 裂，侧裂片较中裂片长，长 1.5 ~ 2 mm；距卵球形，长 2 ~ 4 mm。

花（正面观）

花（侧面观）

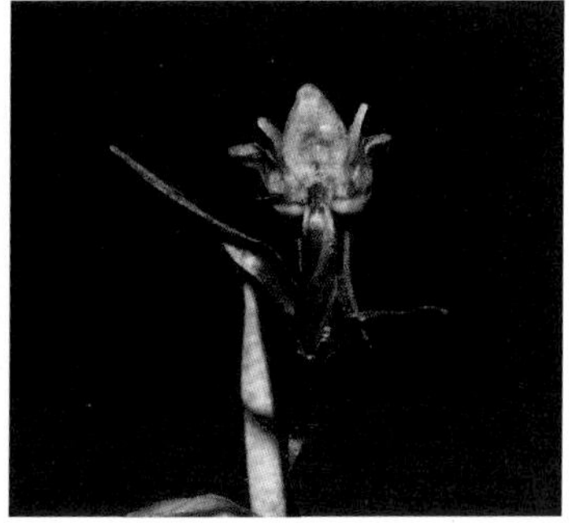

花（反面观）

花部解剖

【果】蒴果直立，椭圆形，无毛。

【物候】花期 6—8 月，果期 9—10 月。

【生境分布】分布于我国大部分地区，生于海拔 1200 ~ 4300 m 的山坡林下，灌丛下或山谷林缘湿地；阴条岭保护区分布于阴条岭主峰海拔 2200 ~ 2500 m 的林下路边。

50 细叶石斛

【科属】兰科 Orchidaceae 石斛属 *Dendrobium*

【学名】*Dendrobium hancockii* Rolfe

【级别】国家Ⅱ级，红色名录濒危（EN），CITES 附录Ⅱ

【生活型】附生草本。

生境　　植株

【茎】茎直立，质地较硬，圆柱形或有时基部上方有数个节间膨大而形成纺锤形，通常分枝，具纵槽或条棱，干后深黄色或橙黄色，有光泽。

【叶】互生于主茎和分枝的上部，狭长圆形，长 3 ~ 10 cm，宽 3 ~ 6 mm，先端钝并且不等侧 2 裂，基部具革质鞘。

【花序】总状花序具 1 ~ 2 朵花，花序柄长 5 ~ 10 mm。

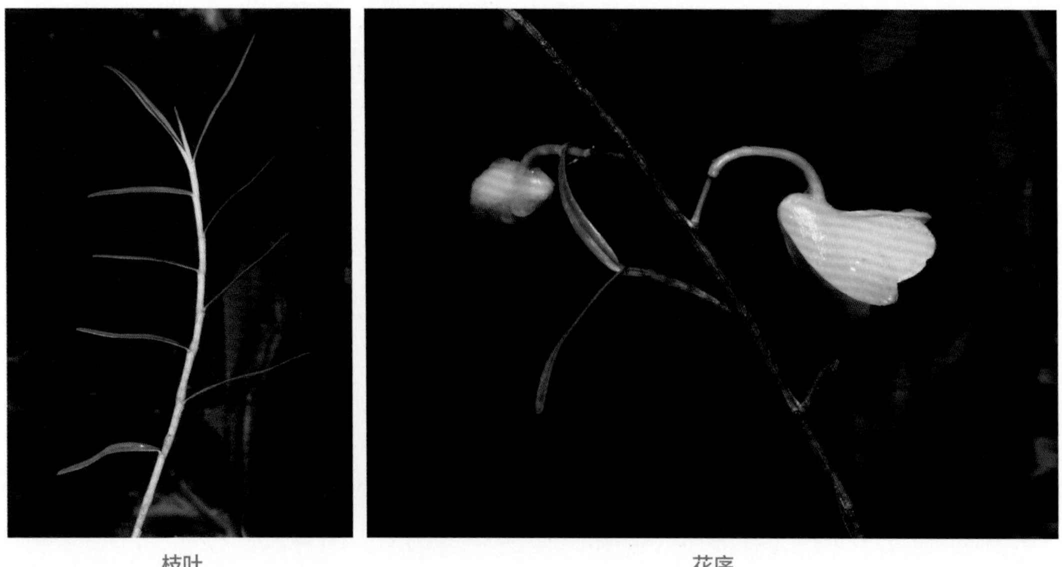

枝叶　　花序

【**花**】花苞片膜质，卵形，长约 2 mm，先端急尖；花梗和子房淡黄绿色；花质地厚，稍具香气，开展，金黄色；中萼片卵状椭圆形，长约 2 cm，宽 5 ~ 8 mm，先端急尖；侧萼片卵状披针形，与中萼片等长，但稍较狭，先端急尖；萼囊短圆锥形，长约 5 mm；花瓣斜倒卵形或近椭圆形，与中萼片等长而较宽，先端锐尖，唇瓣长宽相等，1 ~ 2 cm，基部具 1 个胼胝体，中部 3 裂；侧裂片围抱蕊柱，近半圆形，先端圆形；中裂片近扁圆形或肾状圆形，先端锐尖；蕊柱长约 5 mm，基部稍扩大，具长约 6 mm 的蕊柱足；蕊柱齿近三角形，先端短而钝；药帽斜圆锥形，表面光滑，前面具 3 条脊，前端边缘具细齿。

花（正面观）　花（侧面观）　花（反面观）

花部解剖　合蕊柱（正面观）　合蕊柱（侧面观）

果（幼嫩）

【**果**】蒴果长圆柱形，具细长柄。

【**物候**】花期 5—6 月。

【**生境分布**】分布于秦岭、淮河以南海拔 700 ~ 1500 m 的山地林中树干上或山谷岩石上；阴条岭保护区分布于兰英大峡谷海拔 600 ~ 1100 m 的树干或石壁上。

51 台湾盆距兰

【科属】兰科 Orchidaceae 盆距兰属 *Gastrochilus*

【学名】*Gastrochilus formosanus*（Hayata）Hayata

【级别】CITES 附录Ⅱ

【生活型】附生草本。

【根】附生茎的节上长出长而弯曲的根。

【茎】常匍匐、细长，长达 30 cm，粗 2 mm，常分枝，节间约 5 mm。

植株及生境

茎和根

【叶】绿色，常两面带紫红色斑点，2 列互生，稍肉质，长圆形或椭圆形，长 2 ~ 2.5 cm，宽 3 ~ 7 mm，先端急尖。

茎和叶

叶（左：正面观；右：反面观）

被子植物

花序

【花序】总状花序缩短呈伞状，具 2 ~ 3 朵花；花序柄通常长 1 ~ 1.5 cm；花苞片膜质，长 2 ~ 3 mm，先端急尖；花梗连同子房淡黄色带紫红色斑点。

【花】淡黄色带紫红色斑点；中萼片凹，椭圆形，长约 5 mm，宽约 3 mm，先端钝；侧萼片与中萼片等大，斜长圆形，先端钝；花瓣倒卵形，长 4 ~ 5 mm，宽 2.8 ~ 3 mm，先端圆形；前唇白色，宽三角形或近半圆形，长 2.2 ~ 3.2 mm，宽 7 ~ 9 mm，先端近截形或圆钝，边缘全缘或稍波状，上面中央的垫状物黄色并且密布乳突状毛；后唇近杯状，长约 5 mm，宽约 4 mm，上端的口缘截形并且与前唇几乎在同一水平面上；蕊柱长 1.5 mm；药帽前端收狭。

花（正面观）

花（侧面观）

花（反面观）

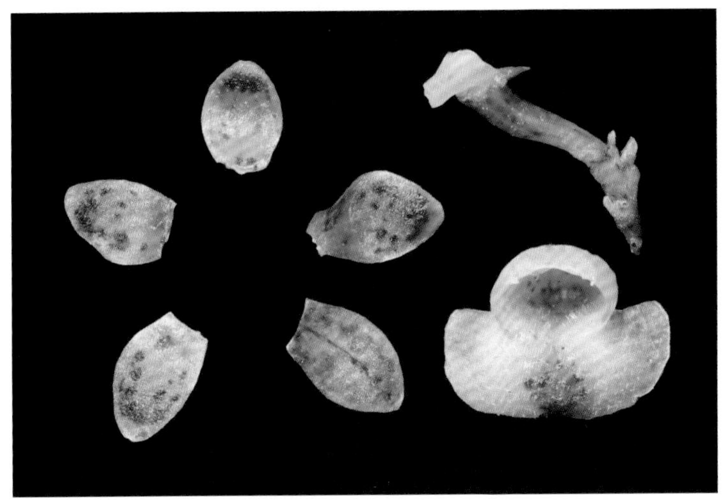
花部解剖

【果】未见。

【物候】花期 4 月。

【生境分布】分布于云南、陕西、四川、重庆、湖北、福建、台湾等地海拔 500 ~ 2500 m 的山地林中树干上；阴条岭保护区目前仅分布于红旗海拔 1300 m 的树干上。

52 斑叶兰

【科属】兰科 Orchidaceae 斑叶兰属 *Goodyera*

【学名】*Goodyera schlechtendaliana* Rchb. f.

【级别】CITES 附录Ⅱ

【生活型】草本，植株高达 35 cm。

植株及生境

植株

【根状茎】根状茎伸长，茎状，匍匐，具节。

【茎】直立，绿色，具 4 ~ 6 枚叶。

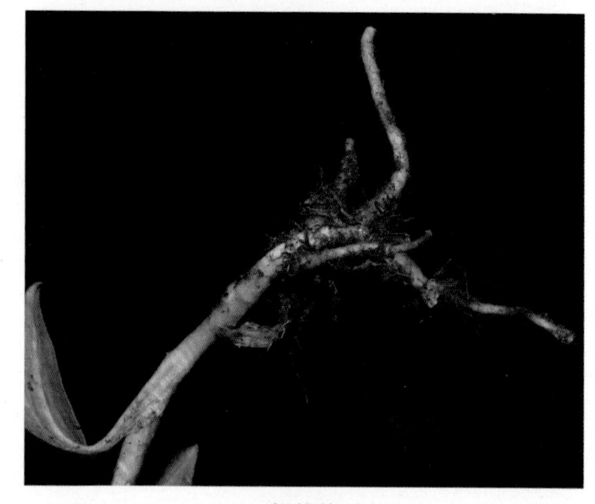

根状茎

被子植物

【叶】卵形或卵状披针形，长 3 ~ 8 cm，宽 0.8 ~ 2.5 cm，正面绿色，具白色不规则的点状斑纹，背面淡绿色，先端急尖，基部近圆形或宽楔形，具柄，叶柄长 4 ~ 10 mm，基部扩大成抱茎的鞘。

叶（正面观）

叶（反面观）

花序轴及苞片

花序

【花序】直立，被长柔毛，具 3 ~ 5 枚鞘状苞片；总状花序具数朵疏生近偏向一侧的花；花苞片披针形，长约 12 mm，宽 4 mm，背面被短柔毛；子房圆柱形，被长柔毛。

【花】较小，白色或带粉红色，半张开；萼片背面被柔毛，中萼片狭椭圆状披针形，长 7 ~ 10 mm，舟状，先端急尖，与花瓣粘合呈兜状；侧萼片卵状披针形，长 7 ~ 9 mm，先端急尖；花瓣菱状倒披针形，无毛，长 7 ~ 10 mm，先端钝或稍尖，具 1 脉；唇瓣卵形，长 6 ~ 8.5 mm，基部凹陷呈囊状，内面具多数腺毛，前部舌状，略向下弯；蕊柱短，长 3 mm；花药卵形，渐尖；蕊喙直立，长 2 ~ 3 mm，叉状 2 裂；柱头 1 个，位于蕊喙之下。

花（正面观）

花（反面观）

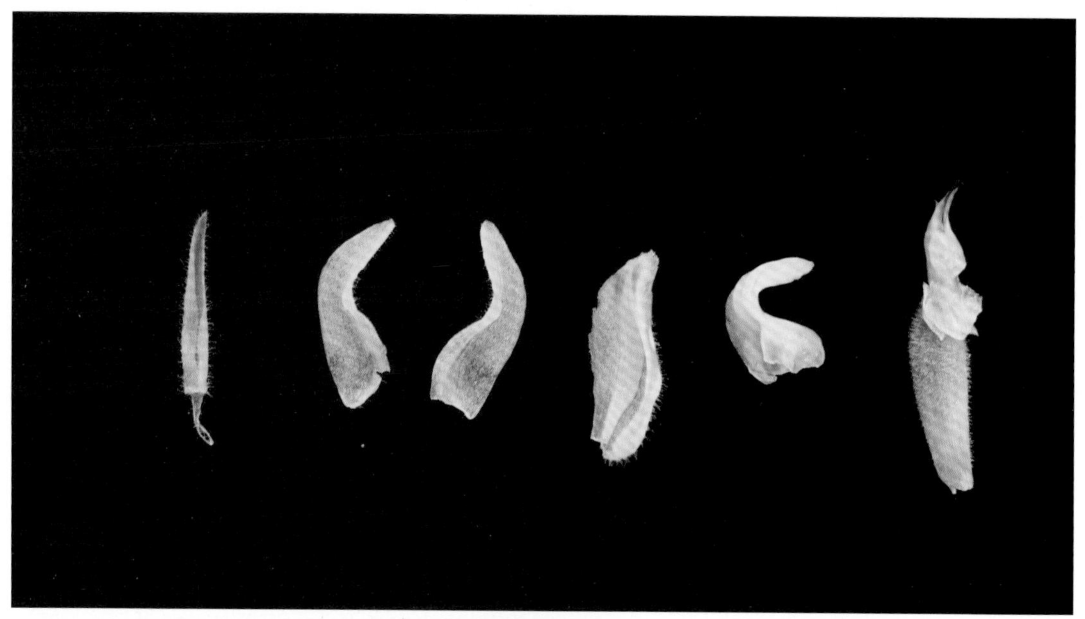
花部解剖

果序及果

【**果**】蒴果倒卵形，直立。

【**物候**】花期 8—10 月。

【**生境分布**】分布于山西、甘肃、陕西、西藏、云南、贵州、四川、重庆、湖北、湖南、河南、江苏、安徽、浙江、江西、福建、台湾、广东、海南、广西等地海拔 500 ~ 2800 m 的山坡或沟谷阔叶林下；阴条岭保护区分布于龙洞湾至击鼓坪一线海拔 1600 ~ 1900 m 的林下。

被子植物

53 云南石仙桃

【科属】兰科 Orchidaceae 石仙桃属 *Pholidota*

【学名】*Pholidota yunnanensis* Rolfe

【级别】CITES 附录 II

【生活型】附生草本。

植株及生境

根状茎和假鳞茎

【茎】根状茎匍匐、分枝，粗 4 ~ 6 mm，密被箨状鞘，通常相距 1 ~ 3 cm 生假鳞茎；假鳞茎近圆柱状，向顶端略收狭，长 2 ~ 5 cm，宽 6 ~ 8 mm，幼嫩时为箨状鞘所包，顶端生 2 叶。

被子植物

【叶】披针形，坚纸质，长 6 ~ 15 cm，宽 7 ~ 20 mm，具折扇状脉，先端略钝，基部渐狭成短柄。

【花序】花葶生于幼嫩假鳞茎顶端，连同幼叶从靠近老假鳞茎基部的根状茎上发出，长 7 ~ 10 cm；总状花序具 15 ~ 20 朵花；花序轴有时在近基部处略左右曲折；花苞片在花期逐渐脱落，卵状菱形，长 6 ~ 8 mm，宽约 5 mm。

叶　　花序

【花】白色或浅肉色，中萼片宽卵状椭圆形，长约 3.5 mm，宽 2 ~ 2.5 mm，稍凹陷，背面略有龙骨状突起；侧萼片宽卵状披针形；花瓣与中萼片相似；唇瓣轮廓为长圆状倒卵形，先端近截形，近基部稍缢缩并凹陷成一个杯状的囊；蕊柱长 2 ~ 2.5 mm，顶端有围绕药床的翅，翅的两端各有 1 个不甚明显的小齿。

花（正面观）

花（侧面观）

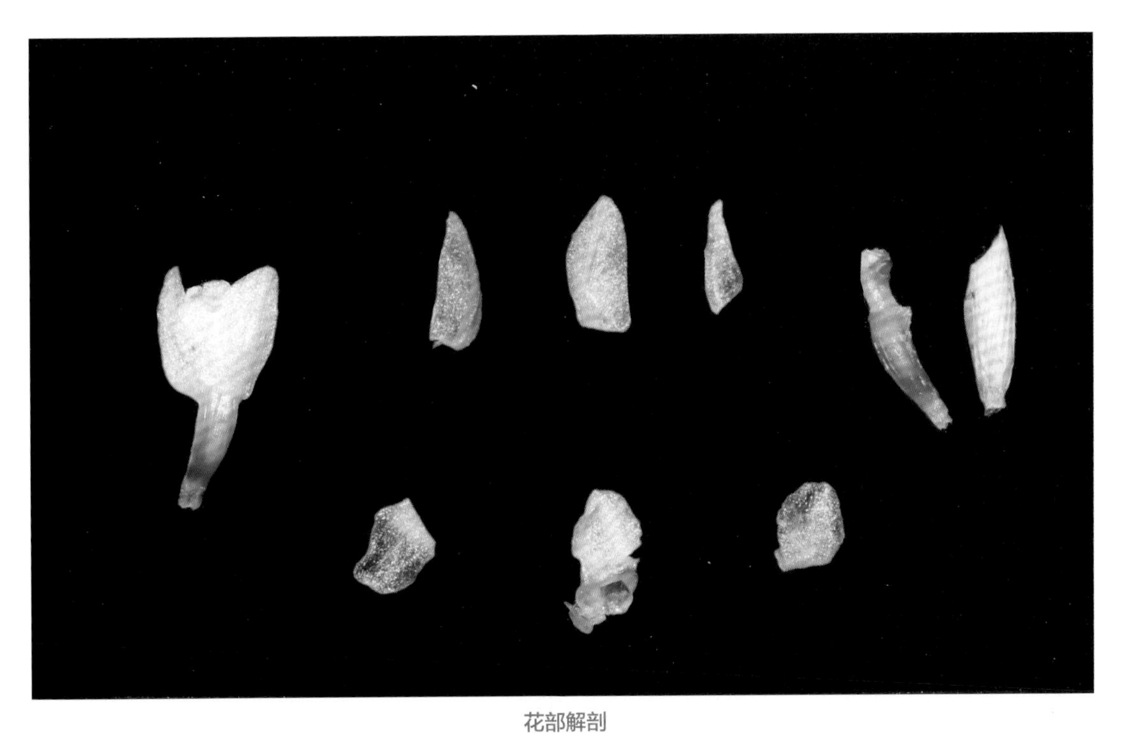

花部解剖

【果】蒴果倒卵状椭圆形，长约 1 cm，宽约 6 mm，有 3 棱；果梗长 2 ~ 4 mm。

果枝

果序

【物候】花期 5 月，果期 9—10 月。

【生境分布】我国特有植物，分布于云南、贵州、四川、重庆、湖北、湖南、广西等地海拔 1200 ~ 1700 m 的林中或山谷旁的树上或岩石上；阴条岭保护区分布于兰英大峡谷海拔 600 ~ 1100 m 的石灰岩崖壁上。

54 天 麻

【科属】兰科 Orchidaceae 天麻属 *Gastrodia*

【学名】*Gastrodia elata* Blume

【级别】国家Ⅱ级，CITES 附录Ⅱ

【生活型】草本，开花时植株高达 100 cm。

生境（栽培）

生境（野生）

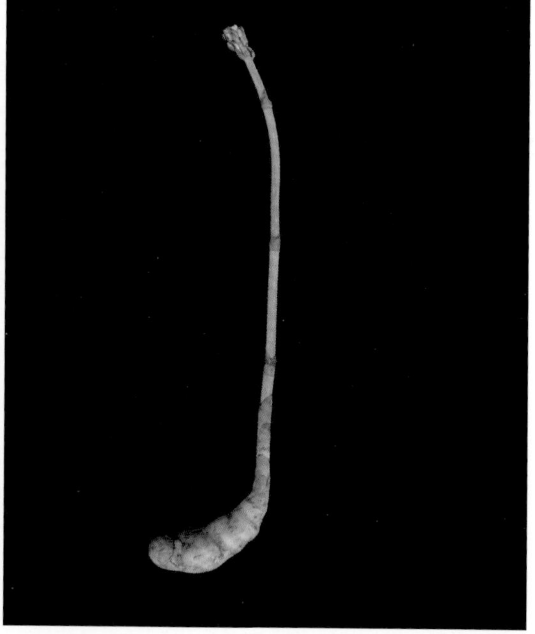

植株

【**根状茎**】肥厚，块茎状，椭圆形至近哑铃形，肉质，长 8 ~ 12 cm，直径 3 ~ 6 cm，有时更大，具较密的节，节上被许多三角状宽卵形的鞘。

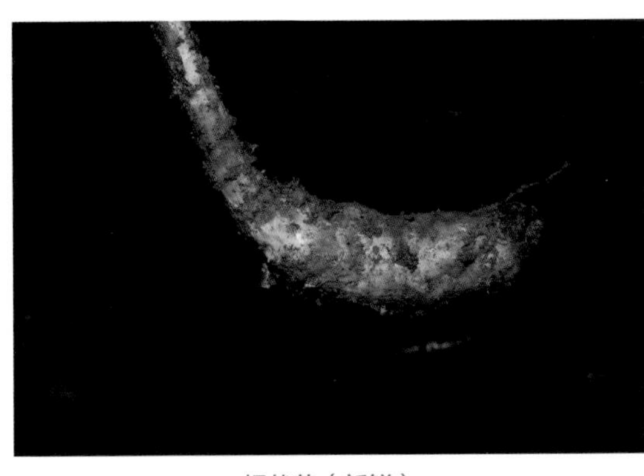
根状茎（新鲜）

根状茎（干燥）

【**茎**】直立，橙黄色、黄色、灰棕色或蓝绿色，无绿叶，下部被数枚膜质鞘。

【**花序**】总状花序具 30 ~ 50 朵花；花苞片长圆状披针形，长 1 ~ 1.5 cm，膜质；花梗和子房长 7 ~ 12 mm，略短于花苞片。

花序（花蕾）

花序（盛开）

被子植物

【花】花扭转，橙黄、淡黄、蓝绿或黄白色；萼片和花瓣合生成的花被筒长约 1 cm，直径 5 ~ 7 mm，顶端具 5 枚裂片，前方两枚侧萼片合生处的裂口深达 5 mm，筒的基部向前方凸出；外轮裂片（萼片离生部分）卵状三角形，先端钝；内轮裂片（花瓣离生部分）近长圆形，较小；唇瓣长圆状卵圆形，3 裂；蕊柱长 5 ~ 7 mm，有短的蕊柱足。

花（正面观）

花（侧面观）

果序

【果】蒴果倒卵状椭圆形，长约 1.8 cm，宽 8 ~ 9 mm。

【物候】花期 5—6 月，果期 6—7 月。

【生境分布】我国广布，生于海拔 400 ~ 3200 m 的疏林下，林中空地、林缘，灌丛边缘；阴条岭保护区分布于大官山、千子拔、毛旋涡、天池坝、荒草坪、三墩子、熊家屋场、转坪、骡马店、阴条岭等地海拔 1300 ~ 2500 m 的林下，官山杠口有人工栽培。

55 羊耳蒜

【科属】兰科 Orchidaceae 羊耳蒜属 *Liparis*

【学名】*Liparis campylostalix* Rchb. f.

【级别】CITES 附录Ⅱ

【生活型】地生草本。

生境

植株

【假鳞茎和根】假鳞茎卵形，长 5 ~ 12 mm，直径 3 ~ 8 mm，外被白色的薄膜质鞘，基部具肉质根。

【叶】2 枚，卵形、卵状长圆形，膜质或草质，长 8 ~ 15 cm，宽 3 ~ 5 cm，先端急尖或钝，边缘皱波状或近全缘，基部收狭成鞘状柄，无关节；鞘状柄长 3 ~ 8 cm，初时抱花葶，果期则多少分离。

假鳞茎及根

叶

【**花序**】花葶长 12 ~ 50 cm；花序轴圆柱形，两侧在花期可见狭翅，果期翅不明显；总状花序具 10 余朵花；花苞片狭卵形，长 2 ~ 4 mm；花梗和子房长 8 ~ 10 mm。

花序

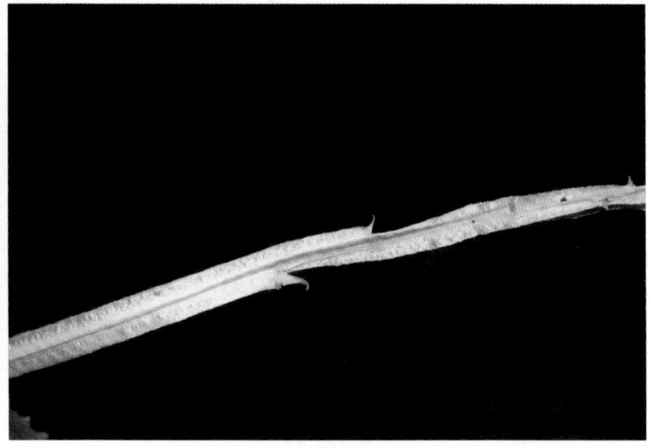

花葶（具狭翅）

【**花**】淡绿色；萼片线状披针形，长 7 ~ 9 mm，宽 1.5 ~ 2 mm，先端略钝；侧萼片稍斜歪；花瓣丝状，长 7 ~ 9 mm，宽约 0.5 mm；唇瓣近倒卵形，长 6 ~ 8 mm，宽 4 ~ 5 mm，先端具短尖，边缘稍有不明显的细齿或近全缘，基部逐渐变狭。

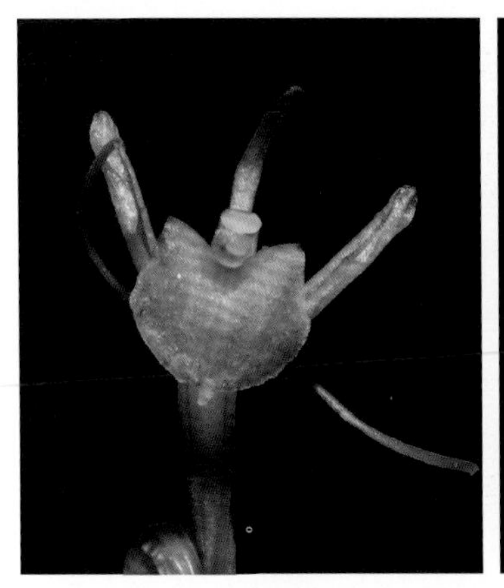

花（正面观）

花（侧面观）

花（反面观）

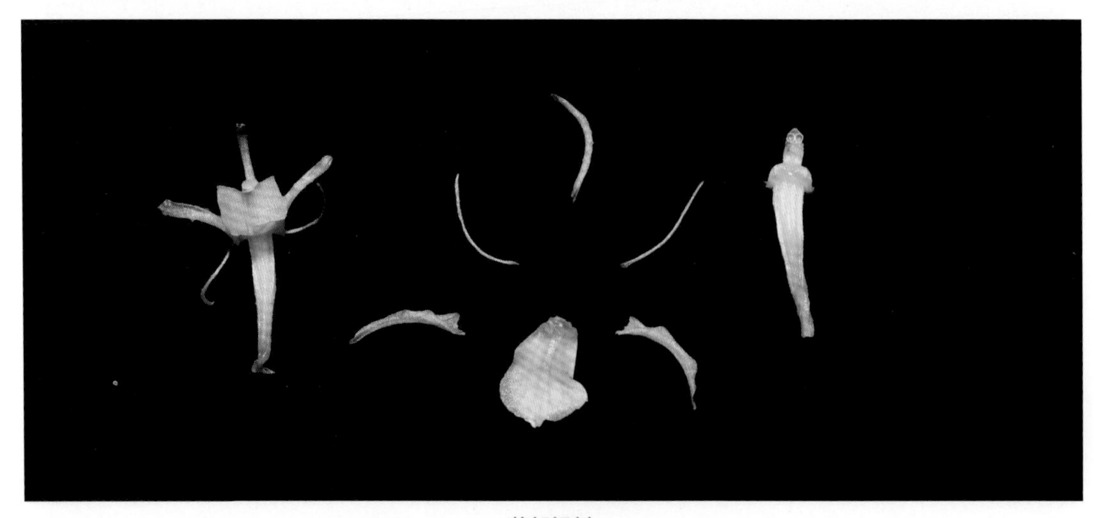

花部解剖

【**合蕊柱**】蕊柱长 2.5 ~ 3.5 mm，上端略有翅，基部扩大。

合蕊柱（正面观）

合蕊柱（侧面观）

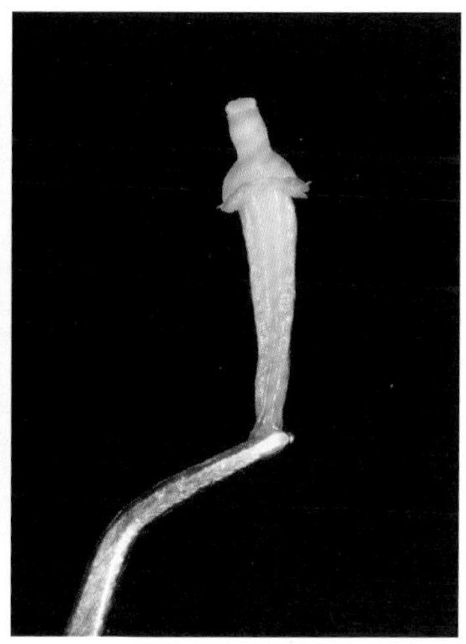

合蕊柱（反面观）

【**果**】蒴果倒卵状长圆形，长约 10 mm。

果序

【**物候**】花期 6—8 月，果期 9—10 月。

【**生境分布**】分布于黑龙江、吉林、辽宁、内蒙古、河北、山西、西藏、云南、贵州、陕西、甘肃、四川、重庆、山东、河南等地海拔 1100 ~ 2750 m 的林下、灌丛中或草地荫蔽处；阴条岭保护区分布于兰英、红旗、林口子、龙洞湾等地海拔 800 ~ 1800 m 的阴湿林下。

56 长叶山兰

【科属】兰科 Orchidaceae 山兰属 *Oreorchis*

【学名】*Oreorchis fargesii* Finet

【级别】CITES 附录Ⅱ

【生活型】草本，植株高 18 ~ 30 cm。

【假鳞茎】椭圆形至近球形，长 1 ~ 2.5 cm，直径 1 ~ 2 cm，有 2 ~ 3 节，外被撕裂成纤维状的鞘。

生境

植株

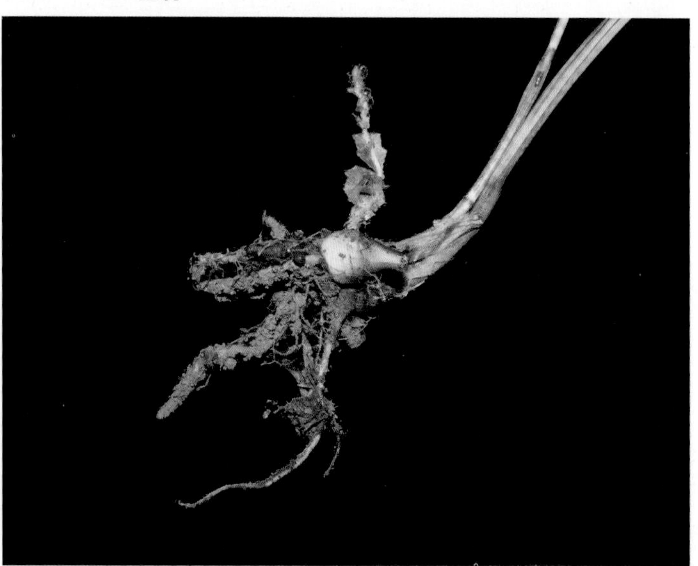

假鳞茎和根

【叶】2枚，偶有1枚，生于假鳞茎顶端，线状披针形或线形，长20 ~ 28 cm，纸质，先端渐尖，基部收狭成柄，有关节，关节下方由叶柄套叠成假茎状，长3 ~ 5 cm。

【花序】花葶从假鳞茎侧面发出，直立，长20 ~ 30 cm，中下部有2 ~ 3枚筒状鞘；总状花序缩短，具较密集的花；花苞片卵状披针形，长3 ~ 5 mm。

叶　　花葶及鞘

花序（正面观）　　花序（侧面观）

【花】10余朵或更多，通常白色并有紫纹；萼片长圆状披针形，长9 ~ 11 mm，宽2.5 ~ 3.5 mm，先端渐尖；侧萼片斜歪并略宽于中萼片；花瓣狭卵形至卵状披针形，长9 ~ 10 mm，宽3 ~ 3.5 mm。

花部解剖

被子植物

【唇瓣】轮廓为长圆状倒卵形，长约 8 mm，近基部处 3 裂，基部有长约 1 mm 的爪；侧裂片线形，长 2 ~ 3 mm，先端钝，边缘多少具细缘毛；中裂片近椭圆状倒卵形或菱状倒卵形，上半部边缘多少皱波状，先端有不规则缺刻，下半部边缘多少具细缘毛，较少近无毛。

唇瓣（正面观）

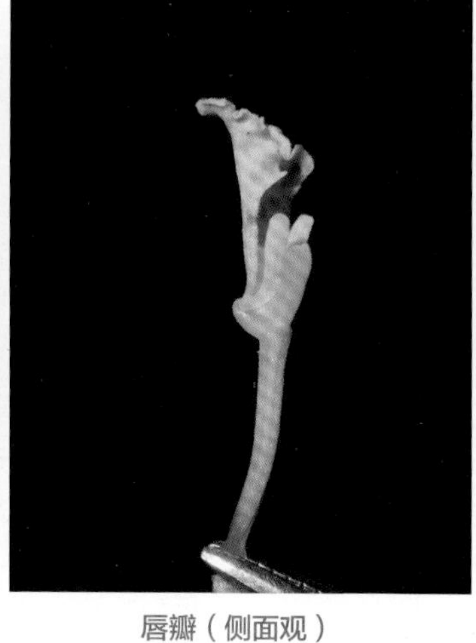

唇瓣（侧面观）

唇瓣（反面观）

【合蕊柱】蕊柱长约 3 mm，基部肥厚并略扩大。

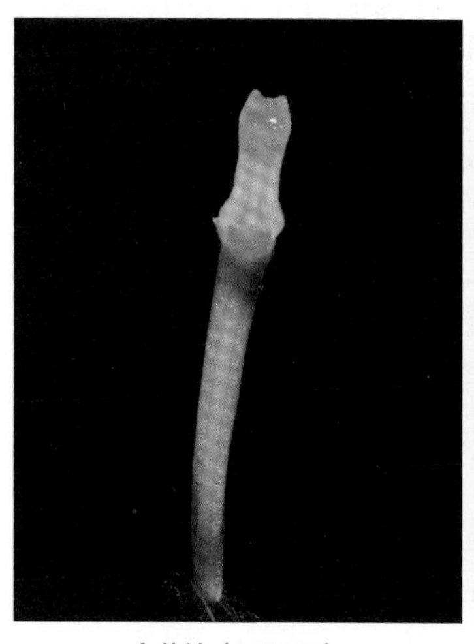

合蕊柱（正面观）

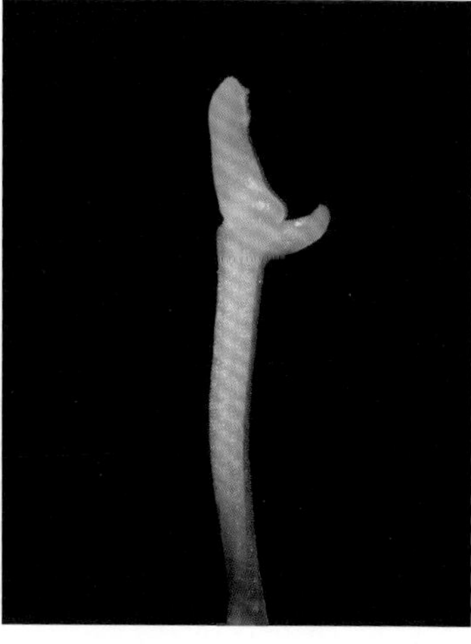

合蕊柱（侧面观）

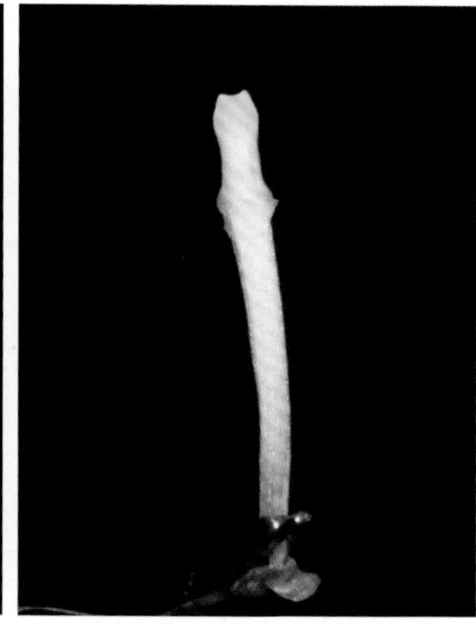

合蕊柱（反面观）

【果】蒴果狭椭圆形，长约 2 cm，宽约 8 mm。

【物候】花期 5—6 月，果期 9—10 月。

【生境分布】我国特有植物，分布于甘肃、陕西、云南、四川、重庆、湖北、浙江、福建、台湾等地海拔 700 ~ 2600 m 的林下、灌丛中或沟谷旁；阴条岭保护区分布于阴条岭等地海拔 2100 ~ 2400 m 的阔叶林下。

57 舌唇兰

【科属】兰科 Orchidaceae 舌唇兰属 *Platanthera*

【学名】*Platanthera japonica*（Thunb.）Lindl.

【级别】CITES 附录Ⅱ

【生活型】草本，植株高 35 ~ 70 cm。

生境

植株

【根状茎】根状茎指状，肉质、近平展。

【茎和叶】茎粗壮，直立，无毛，3 ~ 6 枚叶；叶自下向上渐小，下部叶片椭圆形或长椭圆形，长 10 ~ 18 cm，宽 3 ~ 7 cm，先端钝或急尖，基部成抱茎的鞘，上部叶片小，披针形，先端渐尖。

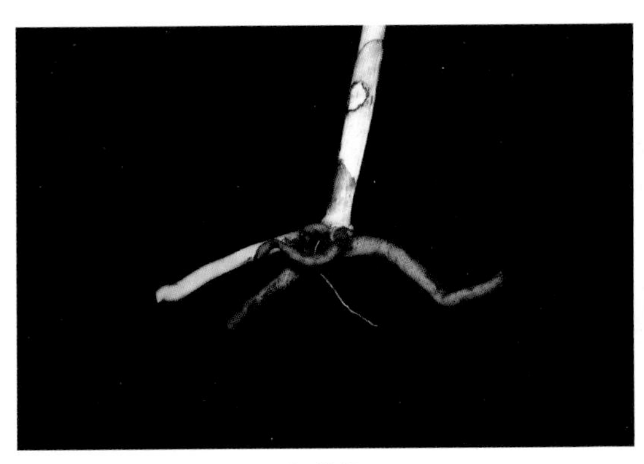

根状茎

地上茎和叶

【**花序**】总状花序具 10 ~ 25 朵花；花苞片狭披针形，长 2 ~ 4 cm；子房细圆柱状，无毛，扭转，连花梗长 2 ~ 2.5 cm。

花序（花蕾）

花序（盛开）

【**花**】花大，白色；中萼片直立，卵形，舟状，长约 8 mm，先端钝或急尖；侧萼片反折，斜卵形，长 8 ~ 9 mm，先端急尖；花瓣直立，线形，长 6 ~ 7 mm，先端钝，具 1 脉，与中萼片靠合呈兜状；唇瓣线形，长 1.3 ~ 1.5 cm，不分裂，肉质，先端钝；距下垂，细长，细圆筒状至丝状，长 3 ~ 6 cm；蕊喙矮，宽三角形，直立；柱头 1 个，凹陷，位于蕊喙之下穴内。

花（正面观）

花（侧面观）

花（反面观）

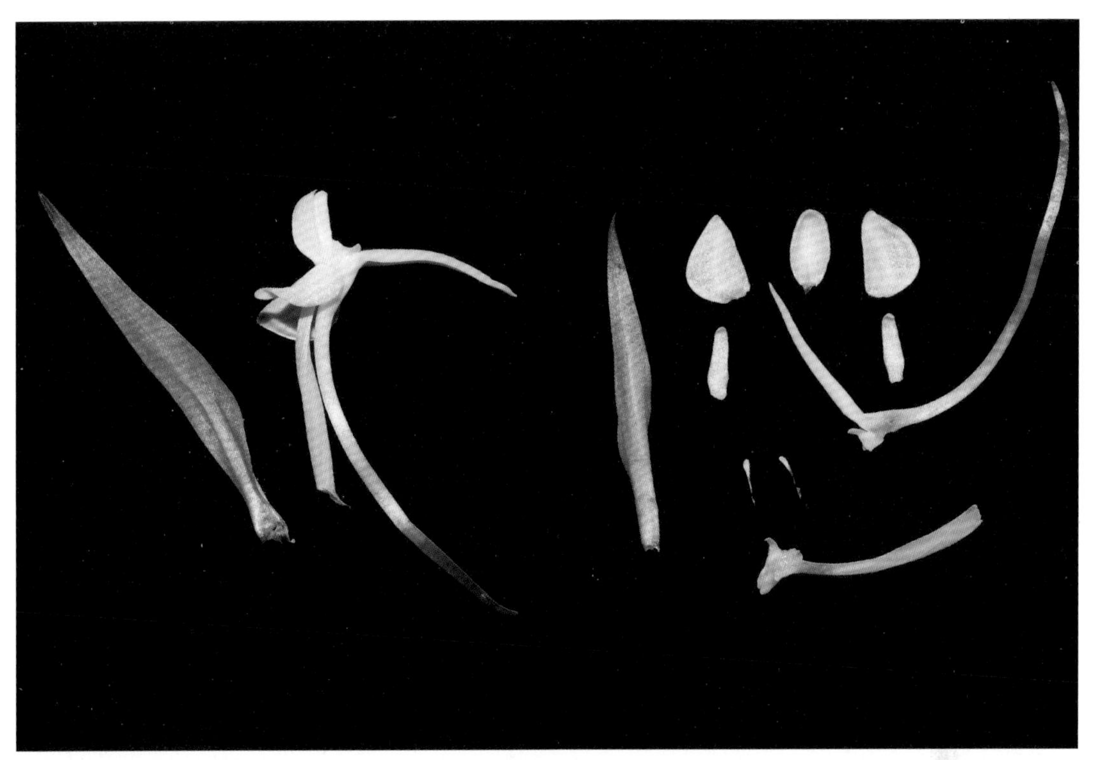

花部解剖

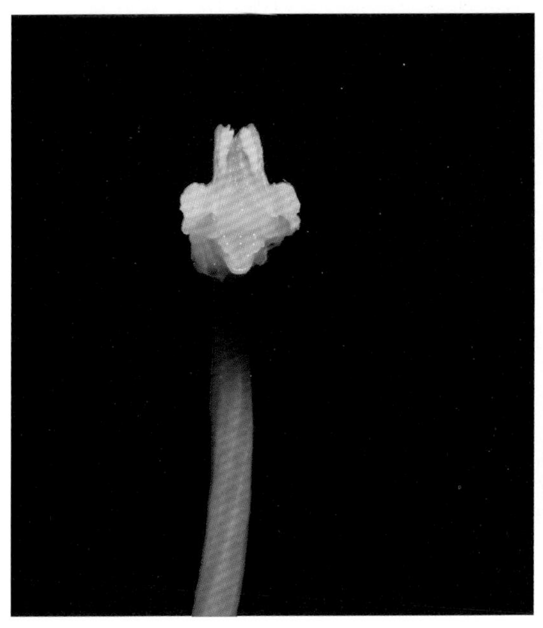

合蕊柱（正面观）

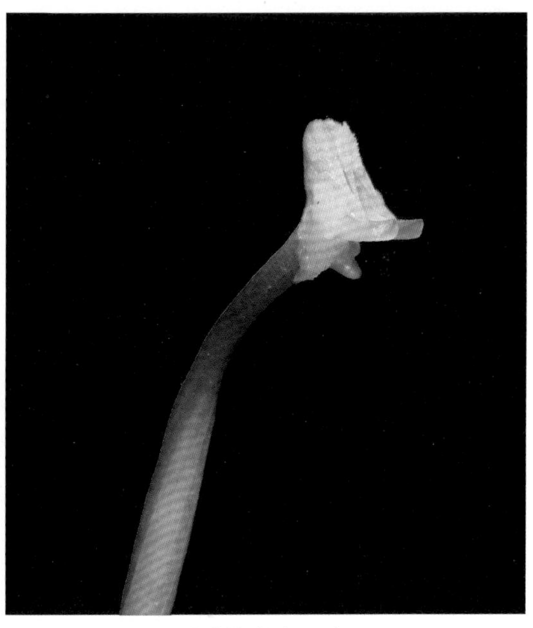

合蕊柱（侧面观）

【物候】花期 5—7 月。

【生境分布】分布于陕西、甘肃、云南、贵州、四川、重庆、湖北、湖南、江苏、安徽、浙江、河南、广西等地海拔 600 ~ 2600 m 的山坡林下或草地；阴条岭保护区分布于甘水峡、转坪、阴条岭等地海拔 1800 ~ 2500 m 的林下。

58 小舌唇兰

【科属】兰科 Orchidaceae 舌唇兰属 *Platanthera*

【学名】*Platanthera minor*（Miq.）Rchb. f.

【级别】CITES 附录Ⅱ

【生活型】草本，植株高 20 ~ 60 cm。

生境

植株

【块茎】块茎椭圆形，肉质，长 1.5 ~ 2 cm，粗 1 ~ 1.5 cm。

【茎和叶】茎粗壮，直立，下部具 1 ~ 2 枚较大的叶，上部具 2 ~ 5 枚逐渐变小为披针形或线状披针形的苞片状小叶，基部具 1 ~ 2 枚筒状鞘；叶互生，最下面的 1 枚最大，叶片椭圆形或长圆状披针形，长 6 ~ 15 cm，宽 1.5 ~ 5 cm，先端急尖或圆钝，基部鞘状抱茎。

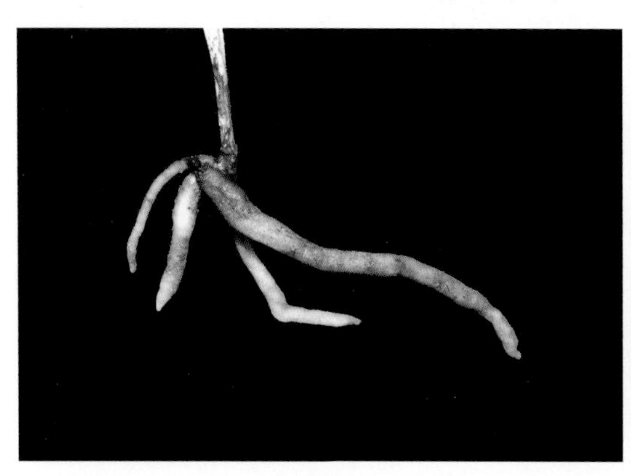

块茎

茎和叶

【花序】总状花序具多数疏生的花；花苞片卵状披针形，长 0.8 ~ 2 cm，下部的较子房长；子房圆柱形，向上渐狭，扭转。

花序

【花】黄绿色，边缘全缘；中萼片直立，宽卵形，凹陷呈舟状，长 4 ~ 5 mm，宽 3.5 ~ 4 mm，先端钝或急尖；侧萼片反折，稍斜椭圆形，长 5 ~ 6 mm，宽 2.5 ~ 3 mm，先端钝；花瓣直立，斜卵形，长 4 ~ 5 mm，宽 2 ~ 2.5 mm，先端钝，与中萼片靠合呈兜状；唇瓣舌状，肉质，下垂，长约 6 mm，宽 2 mm，先端钝；距细圆筒状，下垂，长 16 mm；蕊喙矮而宽；柱头 1 个，大，凹陷，位于蕊喙之下。

花（正面观）

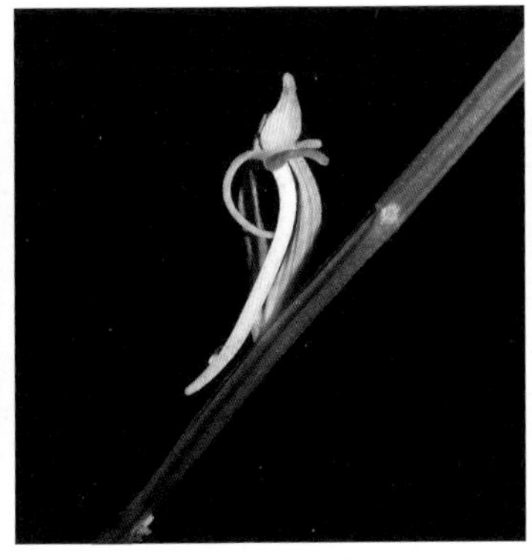

花（侧面观）

花（反面观）

花部解剖

【物候】花期 5—7 月。

【生境分布】分布于云南、贵州、四川、重庆、湖北、湖南、江苏、安徽、浙江、江西、福建、台湾、广西、广东、香港、海南等地海拔 250 ~ 2700 m 的山坡林下或草地；阴条岭保护区分布于蛇梁子、击鼓坪、兰英等地海拔 1100 ~ 2000 m 的林下。

59　独蒜兰

【科属】兰科 Orchidaceae 独蒜兰属 *Pleione*

【学名】*Pleione bulbocodioides*（Franch.）Rolfe

【级别】国家Ⅱ级，CITES 附录Ⅱ

【生活型】附生草本。

【假鳞茎和根】假鳞茎卵形至卵状圆锥形，上端有明显的颈，基部着生肉质根；全长 1 ~ 2.5 cm，直径 1 ~ 2 cm，顶端具 1 枚叶。

生境

植株

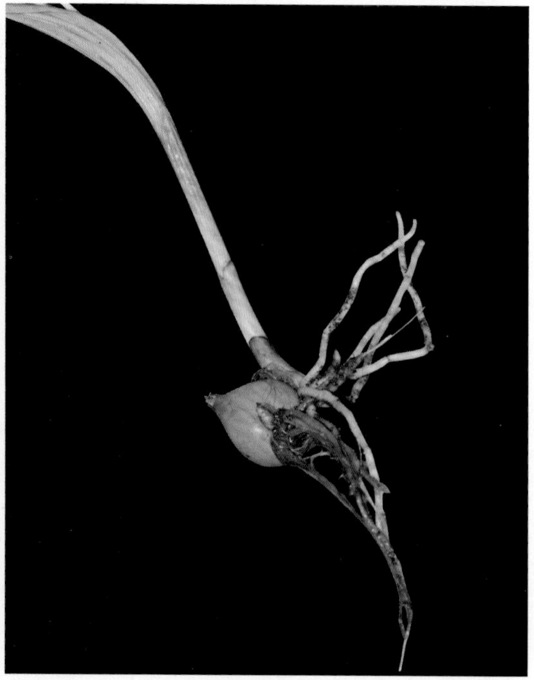

假鳞茎和根

【叶】在花期尚幼嫩，长成后狭椭圆状披针形或近倒披针形，纸质，长 10 ~ 25 cm，先端通常渐尖，基部渐狭成柄。

【花序】花葶从无叶的假鳞茎基部发出，顶端具 1 ~ 2 朵花；花苞片线状长圆形，长 2 ~ 4 cm，明显长于花梗和子房，先端钝。

叶

【花】粉红色至淡紫色，唇瓣上有深色斑；中萼片近倒披针形，长 3.5 ~ 5 cm，先端急尖或钝；侧萼片稍斜歪，狭椭圆形或长圆状倒披针形，与中萼片等长，常略宽；花瓣倒披针形，稍斜歪，长 3.5 ~ 5 cm；唇瓣轮廓为倒卵形或宽倒卵形，长 3.5 ~ 4.5 cm，不明显 3 裂，上部边缘撕裂状，通常具 4 ~ 5 条褶片；蕊柱长 2.7 ~ 4 cm，多少弧曲，两侧具翅。

花（正面观）

花（侧面观）

【果】蒴果近长圆形。

【物候】花期 4—6 月。

【生境分布】分布于西藏、云南、甘肃、陕西、云南、四川、贵州、重庆、湖北、湖南、安徽、广东、广西等地海拔 900 ~ 3600 m 常绿阔叶林下或灌木林缘腐殖质丰富的土壤上或苔藓覆盖的岩石上；阴条岭保护区分布于兰英、红旗、西安村等地海拔 1100 ~ 2200 m 的林下。

60 川东灯台报春

【科属】报春花科 Primulaceae 报春花属 *Primula*

【学名】*Primula mallophylla* Balf. f.

【级别】重庆市级，红色名录极危（CR）

【生活型】多年生草本，植株高达 40 cm。

【根】须根肉质，多数。

植株及生境

植株

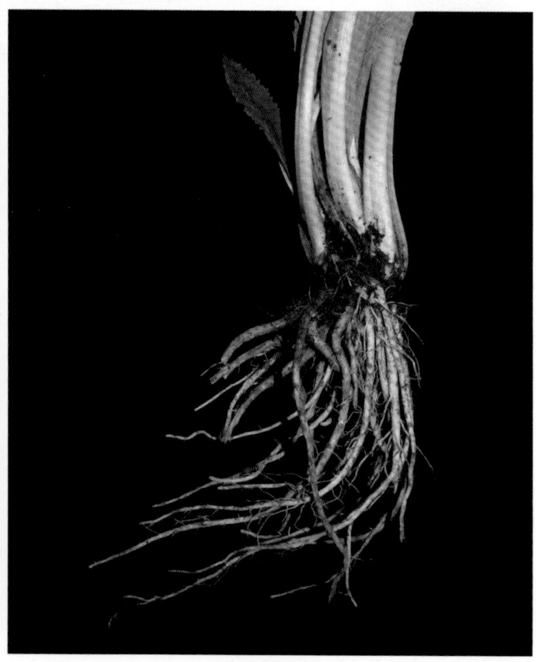

茎及根

【茎】根茎短。

【叶】叶从粗短根茎发出，叶片矩圆形或矩圆状倒卵形，长达 15 cm，宽达 6 cm；先端圆钝，基部渐狭，下延至叶柄，边缘具不整齐小牙齿，中肋带红色；叶柄短，具阔翅。

叶（上：正面观；下：反面观）

花序

【花】花葶粗壮，高达 30 cm，具伞形花序 2 ~ 3 轮，每轮 10 ~ 15 朵花；外层苞片叶状，长椭圆形，内层线形或线状披针形；花梗长约 1 cm；花萼窄钟形，长约 1 cm，分裂达中部以下，裂片窄披针形，长约 7 mm；花淡紫红色，冠檐直径约 1.5 cm，裂片倒卵形，先端具深凹缺；长花柱花的花冠筒长约 1 cm，稍长于花萼，雄蕊着生于冠筒中部，花柱伸至冠筒口；短花柱花的花冠筒比花萼长 1 倍，雄蕊着生处略低于喉部环状附属物。

【果及种子】蒴果球形，被宿存花萼包被；种子多数，黑褐色。

果序（侧面观）　　果序（正面观）

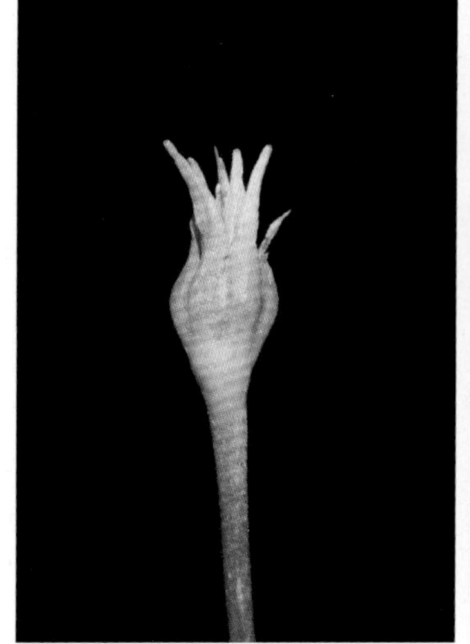

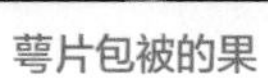

萼片包被的果

果

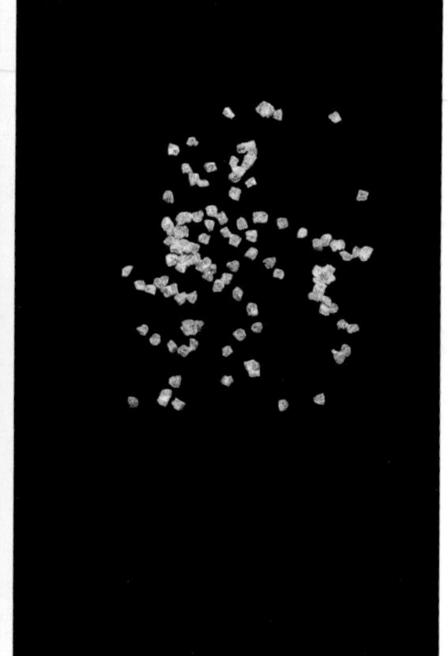

种子

【物候】花期 4—5 月，果期 7—10 月。

【生境分布】我国特有植物，分布于重庆东北部的城口和巫溪；阴条岭保护区仅分布于大官山溪流水附近海拔 2100 ~ 2300 m 的林下路边。

61　青牛胆（金果榄、山慈姑、地苦胆）

【科属】防己科 Menispermaceae　青牛胆属 *Tinospora*

【学名】*Tinospora sagittata*（Oliv.）Gagnep.

【级别】红色名录濒危（EN）

【生活型】藤本。

【根】具链珠状黄色块根，膨大部分常为不规则球形。

【茎】茎纤细，缠绕，常被柔毛。

生境

部分植株

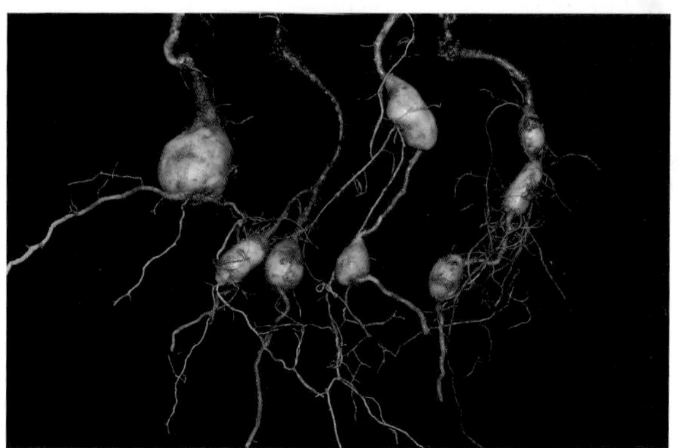

块根

茎（缠绕）

被子植物

【**枝叶**】叶纸质，披针状箭形或披针状戟形，长达 12 cm，宽达 5 cm，先端渐尖，基部弯缺常很深，后裂片圆、钝或短尖，常向后伸，有时 2 裂片重叠；掌状脉 5 条，在下面凸起；叶柄长约 3 cm，被柔毛。

【**花**】花单性，雌雄异株；聚伞花序或圆锥状花序数个簇生叶腋；小苞片 2 枚，紧贴花萼；萼片 6 枚，卵形，花瓣 6 枚，肉质，瓣片近圆形，常有爪，雄蕊 6 枚；雌花萼片与雄花相似，花瓣楔形，退化雄蕊 6 枚；心皮 3 个。

叶

花枝

雄花（正面观）

雄花（反面观）

【**果及种子**】核果红色，近球形。

【**物候**】花期 4 月，果期秋季。

【**生境分布**】分布于西藏、云南、贵州、陕西、四川、重庆、湖北等地林下、林缘、竹林及草地上；阴条岭保护区分布于兰英、龙洞湾、杨柳池、五溪河等地海拔 600 ~ 1400 m 的林下、路旁。

果枝

62 八角莲（江边一碗水）

【科属】小檗科 Berberidaceae 鬼臼属 *Dysosma*

【学名】*Dysosma versipellis*（Hance）M. Cheng ex T. S. Ying

【级别】国家Ⅱ级，红色名录易危（VU）

【生活型】多年生草本，植株高达 1.2 m。

【根】须根多数，位于根状茎上。

【茎】根状茎粗壮，横生；地上茎直立，不分枝，淡绿色。

生境

植株

根状茎及根

被子植物

【叶】茎生叶2枚，薄纸质，互生，近圆形，盾状着生，5～9掌状浅裂，裂片阔三角形或卵状长圆形；正面无毛，背面被柔毛，叶脉明显隆起，边缘具细齿；下部叶的叶柄远较上部叶的长；因叶片圆形，中央部分可以积水，因此又名“江边一碗水”，地下根状茎入药，是巫溪民间四大传统名贵中药之一。

叶（6个角）　叶（8个角）

叶（9个角）　叶背示被毛

【花】花深红色，外面有5～8朵簇生于离叶基部不远处，花梗纤细、下弯、被柔毛；萼片6枚，长圆状椭圆形，花瓣6枚，勺状倒卵形，雄蕊6枚，花丝短于花药；子房椭圆形，花柱短，柱头盾状。

花序（花蕾）　花序（盛开）

花（正面观）

花（侧面观）

花（反面观）

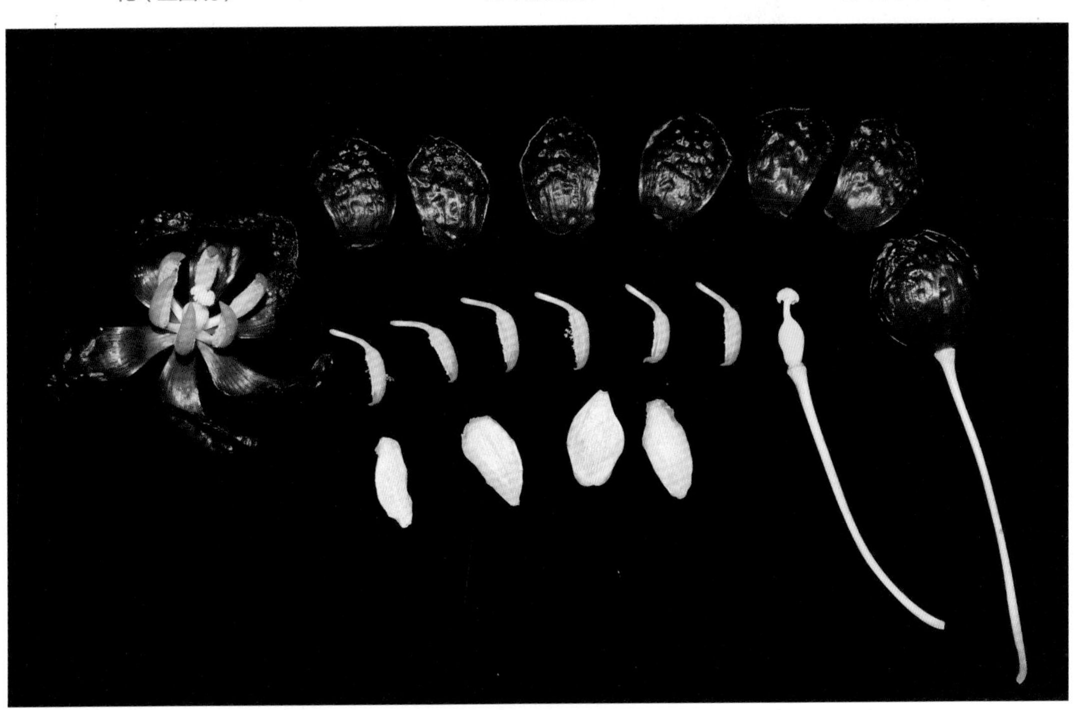

花部解剖

果

【果】浆果近球形。

【物候】花期4—6月，果期6—10月。

【生境分布】我国特有植物，分布于云南、贵州、四川、重庆、湖北、湖南、河南、浙江、江西、安徽、广东、广西等地山坡林下、灌丛中、溪旁阴湿处；阴条岭保护区分布于林口子、鬼门关、击鼓坪、阴条岭、骡马店、官山、五溪河、通城镇中兴村等地海拔700 ~ 2400 m林下、路旁。

63 黄 连

【科属】毛茛科 Ranunculaceae 黄连属 *Coptis*

【学名】*Coptis chinensis* Franch.

【级别】国家Ⅱ级，红色名录易危（VU）

【生活型】多年生草本，植株高达 0.3 m。

【根】须根多数，生于根状茎上。

【茎】根状茎断面黄色。

生境

植株

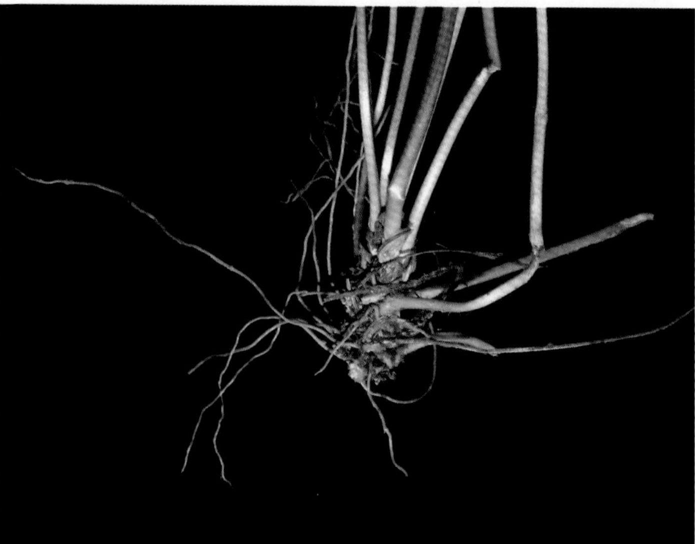

根状茎及根

【叶】叶基生，叶柄长达12 cm，叶片近革质，卵状三角形，3全裂；中央裂片卵状菱形，再羽状深裂，顶端急尖，具长约1.5 cm的细柄；侧裂片近无柄，斜卵形，不等2深裂。

【花】花葶1 ~ 2条，二歧或多歧聚伞花序，有3 ~ 8朵花；苞片披针形，羽状深裂；萼片黄绿色，长椭圆状卵形；花瓣线形或线状披针形；雄蕊约20枚，心皮8 ~ 12个。

叶（左：反面观；右：正面观）

花枝

【果及种子】伞形果序常具7个蓇葖果，种子7 ~ 8粒。

果（正面观）

果（侧面观）

果（反面观）

【物候】花期2—3月，果期4—6月。

【生境分布】我国特有植物，分布于贵州、陕西、四川、重庆、湖南、湖北等地500 ~ 2000 m的山地林中或山谷阴处；阴条岭保护区分布于兰英、龙洞湾、毛旋窝、三墩子等地海拔1400 ~ 2000 m的阴湿沟谷或林下。

64 水青树

【科属】昆栏树科 Trochodendraceae 水青树属 *Tetracentron*

【学名】*Tetracentron sinense* Oliv.

【级别】国家Ⅱ级，CITES 附录Ⅲ

【生活型】落叶乔木，植株高达 18 m。

【茎】树皮灰褐色。

【枝叶】长枝顶生，细长，短枝侧生，基部有叠生环状的叶痕及芽鳞痕；叶片厚纸质，卵状心形，长达 12 cm，宽达 7 cm，顶端渐尖，基部心形，边缘具细锯齿，掌状脉 5 ~ 7；叶柄长达 3 cm。

生境

植株

茎

幼嫩枝叶

成熟枝叶（左：正面观；右：反面观）

【花】穗状花序下垂，着生于短枝顶端；花小，花被淡绿色或黄绿色；雄蕊与花被片对生，长为花被 2.5 倍，花药卵珠形，纵裂；心皮沿腹缝线合生。

花枝

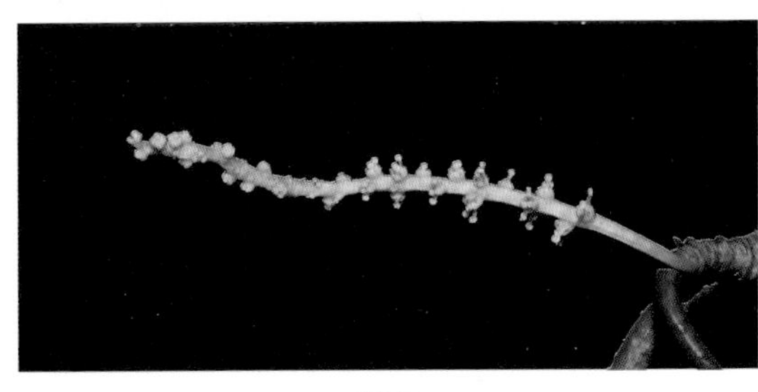

花序

果序

【果及种子】果序长圆形，蓇果 4 深裂，果基部具宿存花柱；种子条形。

【物候】花期 6—7 月，果期 9—10 月。

【生境分布】我国特有植物，分布于云南、贵州、甘肃、陕西、四川、重庆、湖南、湖北等地海拔 1700 ~ 3500 m 的沟谷林及溪边杂木林中；阴条岭保护区分布于林口子至击鼓坪、红旗、杨柳池、山王寨、三墩子等地海拔 1400 ~ 2400 m 的阔叶林下。

被子植物

65 黄杨（瓜子黄杨、米黄杨）

【科属】黄杨科 Buxaceae 黄杨属 *Buxus*

【学名】*Buxus sinica*（Rehder & E. H. Wilson）M. Cheng

【级别】重庆市级，红色名录易危（VU）

【生活型】常绿灌木，植株高约 1.5 m。

【茎】树皮灰白色。

生境

植株

茎

枝叶（左：正面观；右：反面观）

【枝叶】小枝密生，细瘦，四棱形；叶薄革质，对生，狭倒卵形，长约 1.5 cm，宽约 5 mm，先端圆，具小尖凸头，基部楔形，中脉凸出；叶柄长约 1 mm。

【花】花单性，雌雄同株；花序腋生或顶生，头状；雄花 8 ~ 12 朵，萼片 4 枚，卵形；雌花 1 朵，萼片 6 枚，卵状长圆形，花柱 3 枚。

【果及种子】蒴果，球形或卵形，具宿存花柱；种子长圆形，有三侧面。

果枝（未成熟）

果枝（成熟）

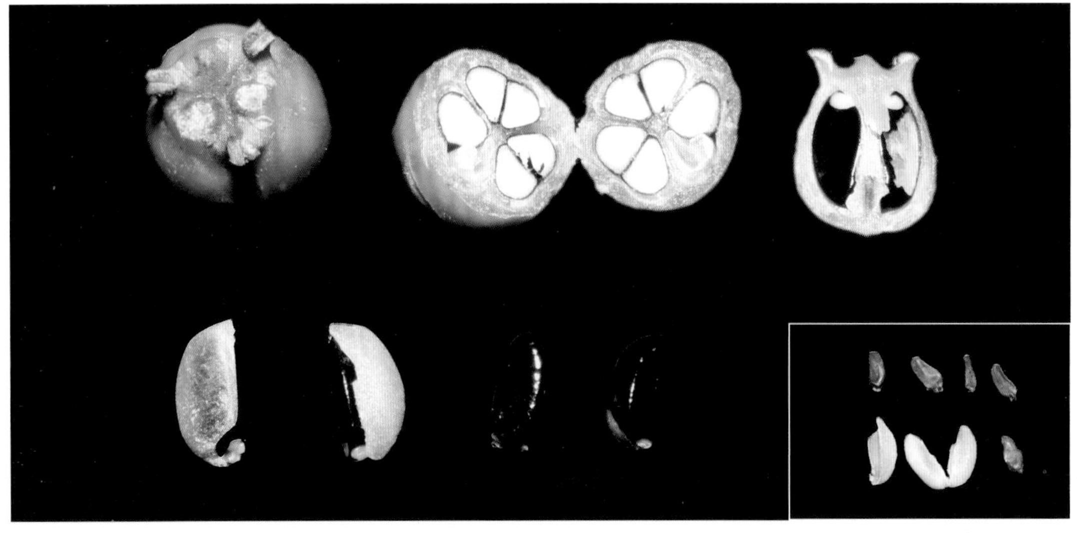

果部解剖及种子

【物候】花期 3 月，果期 7 月成熟。

【生境分布】我国特有植物，分布于重庆、湖北等地石灰岩山地杂木林中；阴条岭保护区分布于兰英寨、大面坡、山王寨、石柱子等地海拔 1900 ~ 2300 m 的石灰岩山地。

66 连香树

【科属】连香树科 Cercidiphyllaceae 连香树属 *Cercidiphyllum*

【学名】*Cercidiphyllum japonicum* Siebold & Zucc.

【级别】国家Ⅱ级

【生活型】落叶乔木，植株高达 20 m。

生境

植株（鬼门关）

植株（击鼓坪）

植株（甘水峡，直径约 2 m）

【茎】树皮灰褐色。

茎

被子植物

【枝叶】小枝无毛，短枝在长枝上对生；短枝上的叶近圆形，长枝上的叶椭圆形或三角形，先端圆钝或急尖，基部心形或截形，边缘有圆钝锯齿，先端具腺体，叶反面具粉霜，掌状脉 7 条；叶柄长达 2 cm。

枝叶（正面观）

枝叶（反面观）

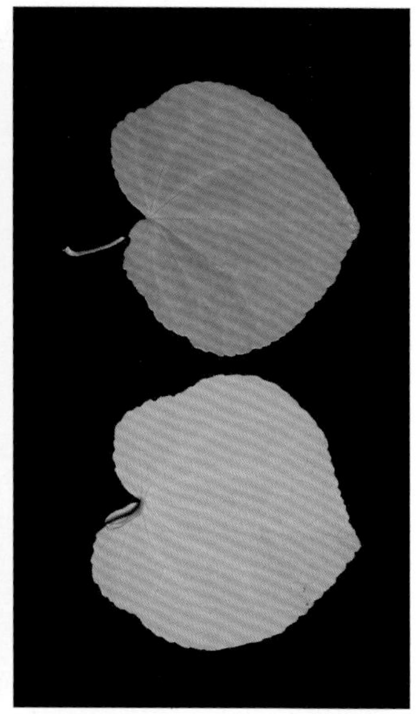

叶（上：正面观；下：反面观）

【花】花单性，雄花常 4 朵簇生，近无梗，苞片花期红色；雌花 2 ~ 5 朵簇生。

【果及种子】蓇葖果 2 ~ 4 枚，荚果状，微弯，先端骤尖，花柱宿存；种子扁平四角形。

【物候】花期 4 月，果期 8 月。

【生境分布】分布于陕西、甘肃、河南、四川、重庆、湖北等地海拔 650 ~ 2700 m 的山谷边缘或林中开阔地的杂木林中；阴条岭保护区分布于林口子至甘水峡、千子拔、红旗、杨柳池、三墩子、山王寨等地海拔 1400 ~ 2500 m 的阔叶林下。

花枝

果枝

67 齿叶费菜（齿叶景天）

【科属】景天科 Crassulaceae 费菜属 *Phedimus*

【学名】*Phedimus odontophyllus*（Fröd.）' t Hart

【级别】红色名录易危（VU）

【生活型】多年生草本，高约 30 cm。

植株及生境

【根】具须根。

【茎】弧状直立。

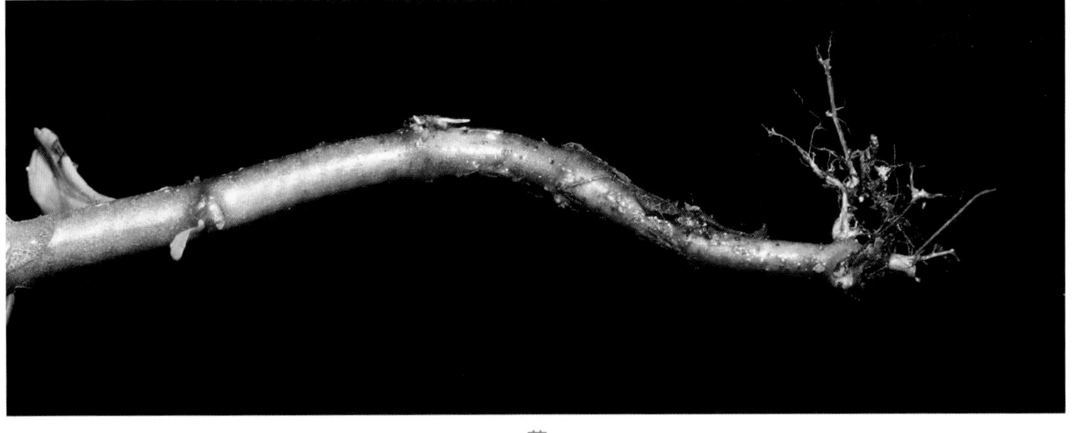

茎

被子植物

【叶】不育枝叶对生或3叶轮生，常聚生枝顶，能育枝叶互生或对生；叶卵形或椭圆形，先端钝或急尖，边缘有疏而不规则牙齿。

叶（从左至右：1、4反面观；2、3正面观）

【花】聚伞状花序，分枝蝎尾状；花无梗，萼片5枚，花瓣5枚，雄蕊10枚，心皮5枚。

花枝

花序

花（正面观）

花（反面观）

【果】蓇葖果横展，腹面囊状隆起。

果序

果（上：正面观；下：反面观）

【物候】花期 4—5 月，果期 6—7 月。

【生境分布】分布于四川、重庆、湖北等地山坡阴湿岩石上；阴条岭保护区分布于兰英河谷等地海拔 600 ~ 1200 m 的阴湿区域。

68 云南红景天（菱叶红景天）

【科属】景天科 Crassulaceae 红景天属 *Rhodiola*

【学名】*Rhodiola yunnanensis*（Franch.）S. H. Fu［*Rhodiola henryi* (Diels) S. H. Fu］

【级别】国家Ⅱ级

【生活型】多年生草本。

生境　　植株

【根】褐色须根生于根茎上。

【茎】根茎粗壮，直径可达 2 cm，被卵状三角形鳞片；地上茎圆柱形，绿色。

【叶】3 叶轮生，稀对生，卵状披针形，长约 3 .5 cm，宽约 2.5 cm，先端钝，基部圆楔形，边缘有疏锯齿，反面苍白绿色，无柄。

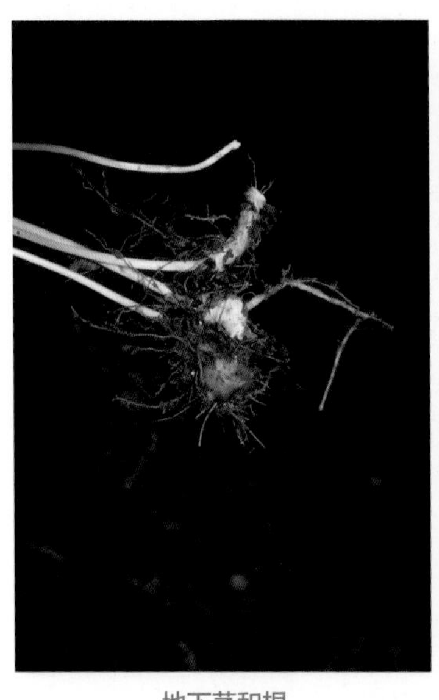

地下茎和根

枝叶（正面观）

枝叶（反面观）

【花】聚伞圆锥花序，多次三叉分枝；雌雄异株，雄花萼片 4 枚，披针形，花瓣 4 枚，黄绿色，匙形，雄蕊 8 枚；雌花萼片、花瓣各 4 枚，绿色，线形，心皮 4 枚。

雄花序和雄花

雌花序

【果及种子】蓇葖果 4 ~ 5 枚，星芒状排列。

果序及果

【物候】花期 4—6 月，果期 7—10 月。

【生境分布】分布于西藏、云南、贵州、四川、重庆、湖北西部等地山坡林下；阴条岭保护区分布于兰英、红旗、兰英寨、官山、杨柳池、骡马店等地海拔 800 ~ 2500 m 的石灰岩崖壁上。

69 野大豆（野黄豆）

【科属】豆科 Fabaceae 大豆属 *Glycine*

【学名】*Glycine soja* Siebold & Zucc.

【级别】国家Ⅱ级

【生活型】一年生缠绕草本，全株被褐色长硬毛。

【根】侧根密生于主根上部。

生境

植株

根

【茎】茎纤细，缠绕。

【叶】羽状 3 出复叶，长达 10 cm；托叶卵状披针形；顶生小叶卵圆形或卵状披针形，长 3.5 ~ 6 cm，宽 1.5 ~ 2.5 cm，先端急尖或钝，基部圆，侧生小叶斜卵状披针形。

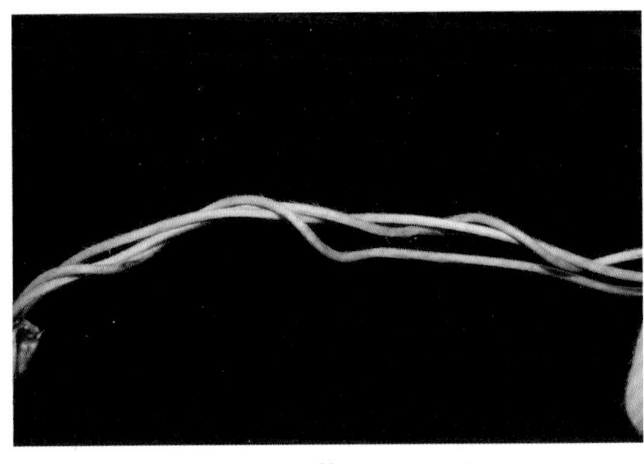

茎

叶

【花】总状花序；苞片披针形，花萼钟状，裂片三角状披针形，上方 2 裂片 1/3 以下合生；花冠淡紫红或白色，旗瓣近圆形，基部具短瓣，翼瓣斜倒卵圆形，基部具耳，龙骨瓣斜长圆形，短于翼瓣。

花枝

花（正面观）

花（侧面观）

【果及种子】荚果长圆形，长 1.5 ~ 2.2 cm，宽 5 mm，稍弯；种子椭圆形，稍扁，黑色。

果枝

果

果部解剖

种子

【物候】花期 7—8 月，果期 8—10 月。

【生境分布】除新疆、青海和海南外，遍布全国，生于海拔 150 ~ 2650 m 潮湿的田边、园边、沟旁、河岸、湖边、沼泽、草甸、沿海和岛屿向阳的矮灌木丛；阴条岭保护区分布于兰英等地海拔 800 ~ 1100 m 的灌丛、路旁。

70 单瓣月季花

【科属】蔷薇科 Rosaceae 蔷薇属 *Rosa*

【学名】*Rosa chinensis* var. *spontanea*（Rehder & E. H. Wilson）T. T. Yu & T. C. Ku

【级别】国家Ⅱ级，红色名录濒危（EN）

【生活型】常绿灌木，植株高达 4 m。

【茎】枝圆筒状，有宽扁皮刺。

植株及生境

茎及皮刺

【叶】羽状复叶，小叶 3 ~ 5 片，稀 7 片；小叶片卵状长圆形，先端长渐尖或渐尖，基部近圆形，边缘有锐锯齿，顶生小叶片有柄，侧生小叶片近无柄；托叶大部贴生于叶柄，顶端分离部分成耳状，边缘常有腺毛。

叶

叶柄及托叶

被子植物

【**花**】花几朵集生，花梗长达 5 cm；萼片 5 枚，卵形，先端尾状渐尖，边缘常有羽状裂片，内面密被长柔毛；花瓣 5 枚，红色，倒卵形，先端有凹缺，基部楔形；花柱离生。

花枝

花（正面观）

花（反面观）

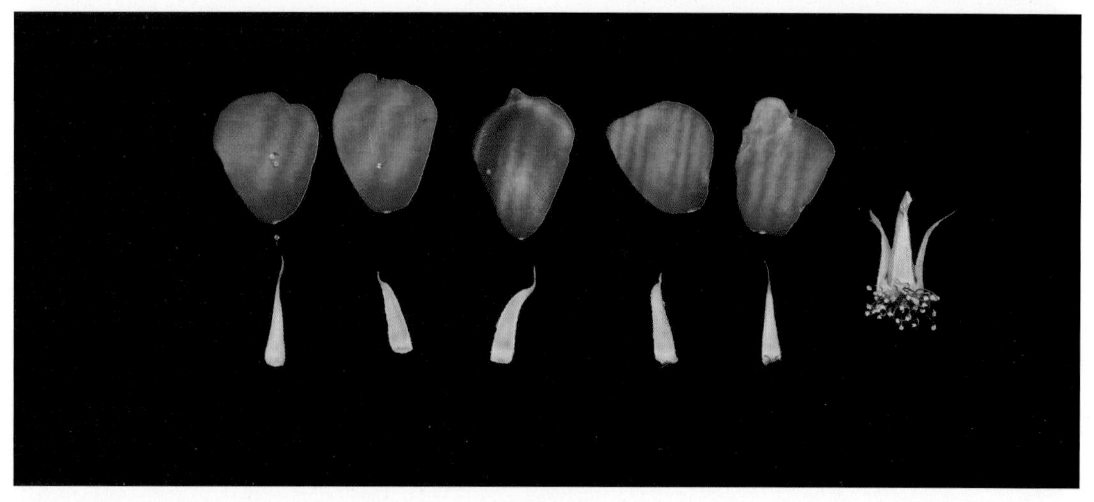

花部解剖

【果及种子】果卵球形或梨形，红色；种子淡橙黄色，近卵圆形。

果枝

果部解剖

【物候】花期 4—5 月，果期 7—10 月。

【生境分布】分布于贵州、四川、重庆巫溪和巫山（重庆市新记录种）、湖北等地；阴条岭保护区分布于兰英、五溪河、红旗、通城镇等地海拔 600 ～ 1000 m 的向阳山坡。

71 青 檀

【科属】大麻科 Cannabaceae 青檀属 *Pteroceltis*

【学名】*Pteroceltis tatarinowii* Maxim.

【级别】重庆市级

【生活型】落叶乔木，植株高达 12 m。

【茎】灰褐色，斑块状或片状脱落。

生境

植株

茎

【枝叶】小枝黄绿色，具皮孔；叶纸质，宽卵形，长达 10 cm，宽达 5 cm，先端尾状渐尖，基部不对称，阔楔形，边缘有不整齐的锯齿，基部 3 出脉；叶柄长达 10 mm。

枝叶（正面观）

枝叶（反面观）

叶（左：正面观；右：反面观）

雄花枝

【花】花单性、同株；雄花数朵簇生于当年生枝下部叶腋；花被 5 深裂，裂片覆瓦状排列，雄蕊 5 枚，花丝直伸，花药顶端具毛；雌花单生于一年生枝上部叶腋；花被 4 深裂，裂片披针形，子房侧扁，花柱短，柱头 2 裂。

【果及种子】翅果状坚果近圆形，黄绿色，翅宽，有放射线条纹，顶端有凹缺，具宿存的花柱，果梗纤细，长达 2 cm。

果枝及果

【物候】花期 3—4 月，果期 8—10 月。

【生境分布】我国特有植物，分布于甘肃、陕西、辽宁、四川、云南、贵州、重庆、湖北、广西等地海拔 100 ~ 1500 m 的山谷溪边石灰岩山地疏林中；阴条岭保护区分布于兰英、红旗等地海拔 600 ~ 1000 m 河谷两岸及山坡。

被子植物

72 台湾水青冈

【科属】壳斗科 Fagaceae 水青冈属 *Fagus*

【学名】*Fagus hayatae* Palib. ex Hayata

【级别】国家Ⅱ级，红色名录易危（VU）

【生活型】落叶乔木，植株高达 20 m。

【茎】茎灰白色。

植株及生境

茎

【枝叶】当年生枝暗红褐色，具狭长圆形皮孔；嫩叶两面的叶脉有疏长毛，成熟叶无毛；叶菱状卵形，长达 7 cm，宽达 4 cm，顶部短渐尖，基部宽楔形，两侧稍不对称，叶缘有锐齿，侧脉直达齿端。

枝叶（正面观）

枝叶（反面观）

叶（左：正面观；右：反面观）

【花】花单性同株；雄花序生于小枝基部叶腋，头状，下垂，花被钟状，4 ~ 7 裂；雌花 1 朵，生于花序壳斗中，花被裂片 5 ~ 6 枚，子房 3 室。

【果】壳斗外壁小苞片细线状，具弯钩，坚果与裂瓣等长，顶部脊棱有狭窄的翅。

壳斗及坚果

【物候】花期 4—5 月，果期 8—10 月。

【生境分布】我国特有植物，分布于四川、重庆、湖北、台湾等地海拔 1300 ~ 2300 m 的山地林中；阴条岭保护区分布于蛇梁子等地海拔 1800 ~ 2100 m 的阔叶林中。

73 胡桃楸（野核桃、山核桃）

【科属】胡桃科 Juglandaceae 胡桃属 *Juglans*

【学名】*Juglans mandshurica* Maxim.（*Juglans cathayensis* Dode）

【级别】重庆市级

【生活型】落叶乔木，植株高达 12 m。

【茎】树皮灰色，具浅纵裂。

植株及生境　　　　茎

【枝叶】幼枝被短茸毛；奇数羽状复叶，叶柄基部膨大，叶柄及叶轴被有短柔毛；小叶达 8 对，椭圆状披针形，边缘具细锯齿，先端渐尖；侧生小叶无柄，基部歪斜，顶生小叶具长约 1 cm 的叶柄，基部楔形。

叶（正面观）

叶（反面观）

【花】花单性，雌雄同株；雄性葇荑花序单生于去年生枝的叶腋内，具多数雄花，无花序梗，下垂；雄花具短梗，花被片 3 枚，分离，雄蕊通常多数；雌花序穗状，直立，生于当年生枝顶，具 3 ~ 8 朵雌花，花序轴被有茸毛；雌花无梗，花被片披针形，子房下位，2 心皮，柱头 2 裂。

雄花序

雌花序

【果】果序俯垂，果实卵球形，顶端尖，密被腺质短柔毛；果核表面具纵棱，棱间具不规则皱曲及凹穴，顶端具尖头；内果皮壁内具多数不规则空隙，隔膜内也具 2 空隙。

果序

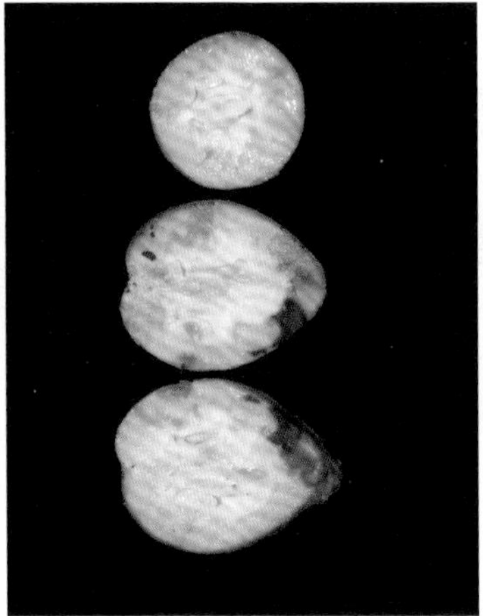
果部解剖

内果皮

被子植物

【物候】花期 4—5 月，果期 8—10 月。

【生境分布】分布于黑龙江、吉林、辽宁、河北、山西、重庆、湖北等地；阴条岭保护区分布于兰英、青岩河、击鼓坪、红旗、骡马店、杨柳池、五溪河等地海拔 600 ~ 1800 m 的河谷两岸及阔叶林中。

74 胡桃（核桃）

【科属】胡桃科 Juglandaceae 胡桃属 *Juglans*

【学名】*Juglans regia* L.

【级别】红色名录易危（VU）

【生活型】落叶乔木，植株高达 12 m。

【茎】树皮灰色，具浅纵裂。

【枝叶】幼枝被短茸毛，基部具淡褐色、被绒毛的鳞片；奇数羽状复叶，叶柄基部膨大，叶柄及叶轴幼时被短腺毛；小叶 5 ~ 9 枚，长椭圆形，边缘全缘，先端钝圆或急尖，基部歪斜；侧生小叶近无柄，顶生小叶具长 3 ~ 6 cm 的小叶柄。

植株及生境

茎

幼叶及芽鳞

叶（左：反面观；右：正面观）

【**花**】花单性，雌雄同株；雄性葇荑花序下垂，无花序梗；雄花具短梗，花被片 3 枚，分离，雄蕊通常多数；雌花序穗状，通常具 1 ~ 3 朵雌花；雌花无梗，花被片披针形，子房下位，2 心皮，柱头 2 裂。

花枝　　雄花序　　雌花序

【**果及种子**】果序短，果实球形，顶端具短尖头，密被腺质短柔毛，内果皮壁内具不规则的空隙；种子呈蝴蝶形，幼嫩时乳白色。

果序（幼嫩）

被子植物

果序（成熟）

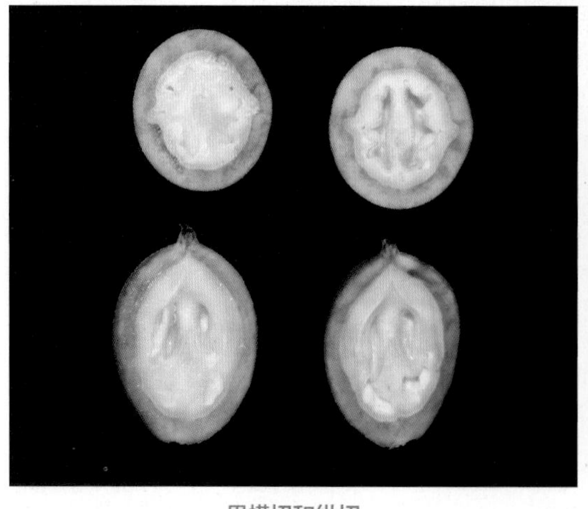

果横切和纵切

果部解剖及种子

【物候】花期4—5月，果期9—10月。

【生境分布】分布于我国华北、西北、西南、华中、华南和华东地区；阴条岭保护区野生种群仅分布于击鼓坪，其他区域为人工栽培。

75 马铜铃

【科属】葫芦科 Cucurbitaceae 雪胆属 *Hemsleya*

【学名】*Hemsleya graciliflora*（Harms） Cogn.

【级别】红色名录易危（VU）

【生活型】多年生攀援草本。

生境

植株

被子植物

【根】根纤细，位于圆柱形地下茎上。

【茎】小枝纤细具棱槽，疏被微柔毛，老时近光滑无毛。

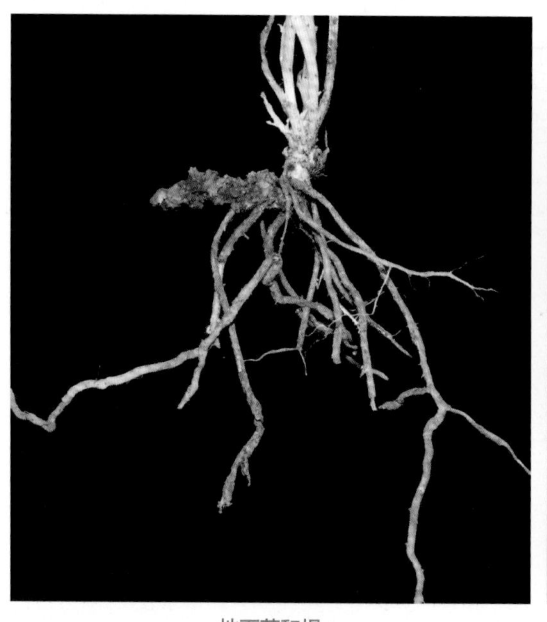
地下茎和根

茎及卷须

【枝叶】卷须纤细，先端2歧；趾状复叶多为7小叶，叶柄长约3 cm；小叶长圆状披针形，小叶柄长6 mm，先端短渐尖，基部楔形，边缘圆锯齿状。

叶（左：反面观；右：正面观）

【花】雌雄异株，二歧聚伞花序；雄花序梗及分枝纤细，密被短柔毛，花萼裂片三角形，花冠浅黄绿色，雄蕊5枚；雌花与雄花同型，子房狭圆筒状，花柱3枚，柱头2裂。

雄花序

【果及种子】果实筒状倒圆锥形，具 10 条细纹，底平截，果柄弯曲；种子长圆形，稍扁平，周生木栓质翅，外有乳白色膜质边。

果及种子

【物候】花期 6—8 月，果期 9—10 月。

【生境分布】分布于四川、重庆、湖北、广西、江西、浙江等地海拔 1200 ~ 2000 m 的杂木林中；阴条岭保护区分布于林口子、转坪等地海拔 1400 ~ 1800 m 的阔叶林下路边。

76 南紫薇（马铃花）

【科属】千屈菜科 Lythraceae 紫薇属 *Lagerstroemia*

【学名】*Lagerstroemia subcostata* Koehne

【级别】重庆市级

【生活型】落叶乔木，树高达 10 m。

【茎】树皮薄，光滑，灰白色或茶褐色。

植株及生境

茎

【枝叶】当年生枝紫红色，具棱；叶膜质，卵圆状披针形，长达 8 cm，宽达 5 cm，顶端渐尖，基部阔楔形，侧脉 3 ~ 10 对，顶端连结；叶柄短，长约 4 mm。

枝叶

叶（左：反面观；右：正面观）

【花】圆锥花序生于枝顶，花白色，花萼5裂，裂片三角形，花瓣6枚，基部有爪；雄蕊多数，子房无毛，5～6室。

花序（花蕾）

花序（盛开）

【果及种子】蒴果椭圆形，3～6瓣裂；种子有翅。

果枝

果序（未成熟）

果序（成熟）

被子植物

成熟果（正面观）

成熟果（侧面观）

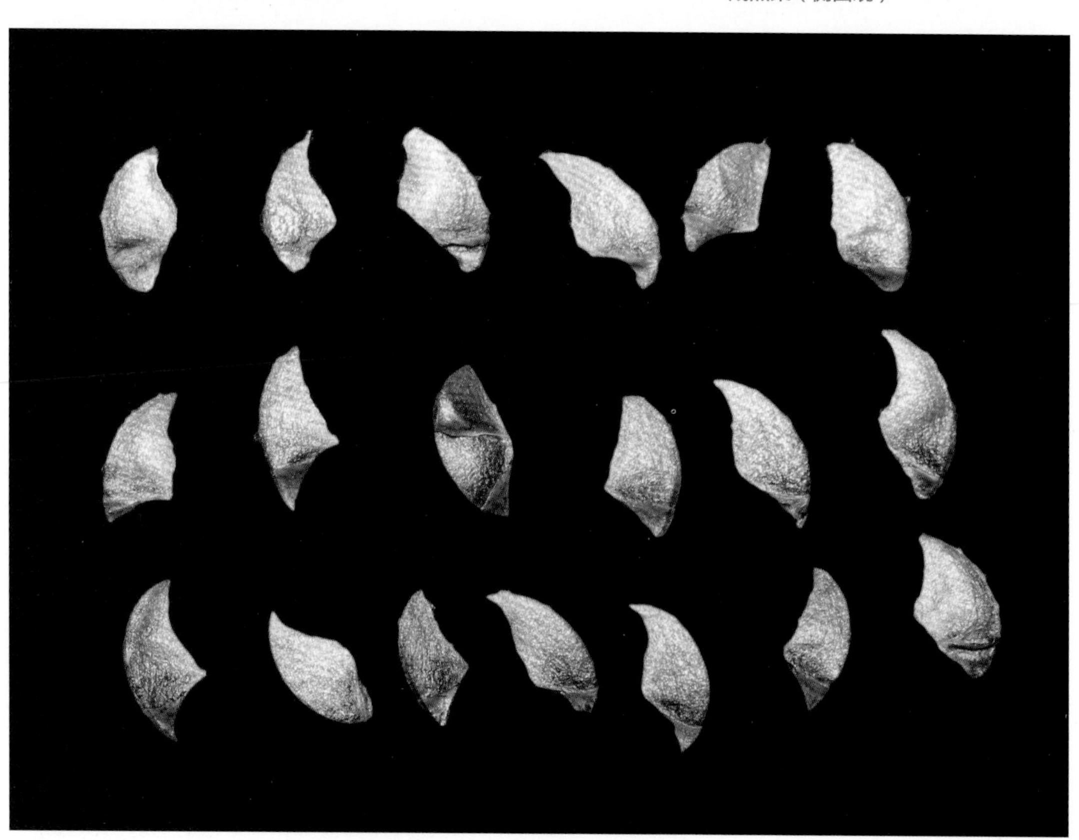

种子

【**物候**】花期 6—8 月，果期 7—10 月。

【**生境分布**】分布于青海、四川、重庆、湖北、湖南、广西、江西、浙江等地；阴条岭保护区分布于兰英大峡谷等地海拔 400 ~ 1200 m 的沟谷、山坡。

77 云南旌节花

【科属】旌节花科 Stachyuraceae 旌节花属 *Stachyurus*

【学名】*Stachyurus yunnanensis* Franch.

【级别】红色名录易危（VU）

【生活型】常绿灌木，植株高达 2.5 m。

生境

植株

【茎】树皮暗灰色。

【枝叶】当年生枝绿黄色，二年生枝棕褐色，具皮孔；叶革质，椭圆形，长达 10 cm，宽达 5 cm，先端尾状渐尖，基部阔楔形，边缘具细尖锯齿，叶柄粗壮，长约 1 cm。

【花】总状花序腋生，花序轴呈“之”字形，具短梗；苞片 1 枚，三角形，小苞片三角状卵形；萼片 4 枚，卵圆形；花瓣 4 枚，黄色至白色，倒卵圆形；雄蕊 8 枚；子房和花柱无毛，柱头头状。

茎

枝叶（上：正面观；下：反面观）

叶（左：正面观；右：反面观）

花枝

花序

果枝

【果及种子】果实球形，无梗，具宿存花柱。

【物候】花期 3—4 月，果期 6—9 月。

【生境分布】分布于云南、四川、贵州、重庆、湖南等地海拔 800 ~ 1800 m 的山坡常绿阔叶林下或林缘灌丛中；阴条岭保护区分布于兰英、红旗等地海拔 1100 ~ 1400 m 的河谷边石灰岩崖壁上。

78 毛脉南酸枣（酸枣）

【科属】漆树科 Anacardiaceae 南酸枣属 *Choerospondias*

【学名】*Choerospondias axillaris* var. *pubinervis*（Rehder & E. H. Wilson）B. L. Burtt & A. W. Hill

【级别】红色名录易危（VU）

【生活型】落叶乔木，树高达 12 m。

生境

植株

【茎】树皮灰褐色，片状剥落。

【枝叶】当年生枝黄绿色，疏生柔毛；第二年生枝条紫褐色，具皮孔；奇数羽状复叶，常集生于小枝顶端，有小叶 6 对；小叶膜质，卵状披针形，先端长渐尖，基部偏斜，近无柄，叶背被柔毛。

茎

枝叶

叶（左：反面观；右：正面观）

羽片背面（示：柔毛）

【花】花单性或杂性异株，雄花和假两性花排列成腋生或近顶生的聚伞圆锥花序，雌花通常单生于上部叶腋；花萼浅杯状，5裂；花瓣5枚，雄蕊10枚，着生在花盘外面基部，花盘10裂；子房上位，5室。

雄花序

花（正面观）

花（侧面观）

被子植物

【**果及种子**】核果椭圆形，成熟时黄色；种子顶端具5个小孔。

果枝

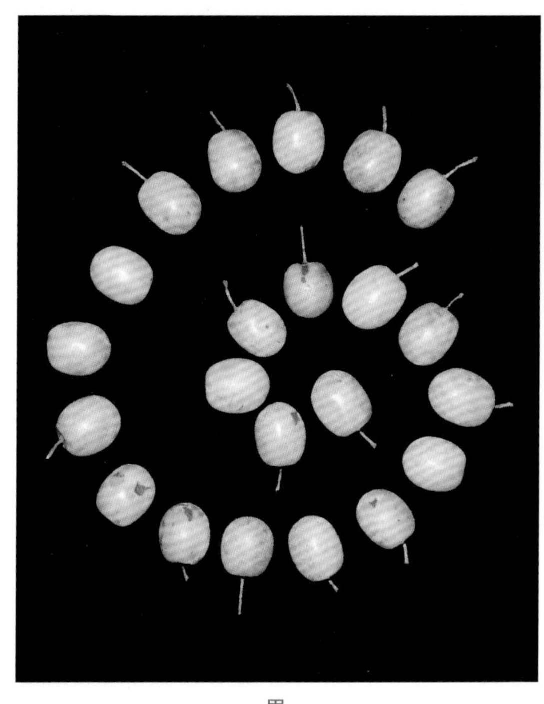

果

种子

【**物候**】花期4月，果期9—10月。

【**生境分布**】我国特有植物，分布于四川、重庆、湖北、广西、江西、浙江等地海拔300 ~ 2000 m的山坡、丘陵或沟谷林中；阴条岭保护区分布于兰英、五溪河等地海拔600 ~ 1100 m的河谷、山坡。

79 血皮槭（马梨光、紫化果树）

【科属】无患子科 Sapindaceae 槭属 *Acer*

【学名】*Acer griseum*（Franch.）Pax

【级别】重庆市级；红色名录易危（VU）

【生活型】落叶乔木，树高达 10 m。

【茎】树皮暗红色，常成纸片状脱落。

生境

植株

茎

【**枝叶**】小枝圆柱形，当年生枝淡紫色，密被淡黄色长柔毛；复叶有 3 小叶，叶柄长达 4 cm；小叶纸质，边缘有 2 ~ 3 个钝形大锯齿；顶生小叶片倒卵形，有长约 5 mm 的小叶柄，侧生小叶卵形，基部偏斜，近无柄，反面有淡黄色疏柔毛。

枝叶（秋季）

叶（左：反面观；右：正面观）

【**花**】聚伞花序有 3 花；被毛；总花梗短，花淡黄色，杂性，雄花与两性花异株；萼片 5 枚，长圆卵形；花瓣 5 枚，长圆倒卵形；雄蕊 10 枚，花药黄色；子房有绒毛。

【**果**】翅果两翅成锐角，小坚果被绒毛。

【**物候**】花期 4 月，果期 9—10 月。

【**生境分布**】我国特有植物，分布于甘肃、陕西、四川、重庆、湖北等地海拔 1500 ~ 2000 m 的疏林中；阴条岭保护区分布于林口子至击鼓坪、红旗、骡马店等地海拔 1400 ~ 1800 m 的阔叶林下。

花序

果枝

被子植物

80 金钱槭

【科属】无患子科 Sapindaceae 金钱槭属 *Dipteronia*

【学名】*Dipteronia sinensis* Oliv.

【级别】重庆市级

【生活型】落叶乔木，树高达 9 m。

【茎】树皮暗灰色。

生境

植株

茎

【枝叶】小枝纤细，圆柱形，具卵形皮孔；奇数羽状复叶对生，小叶纸质，通常 7 ~ 13 枚，基部 1 对小叶片有时为 3 出复叶；小叶长圆披针形，先端长锐尖，基阔楔形，边缘具稀疏钝形锯齿，反面脉腋具白色丛毛；叶柄长达 6 cm，顶生小叶的小叶柄长达 1 cm，侧生小叶近无小叶柄。

叶（正面观）

叶（反面观）

【花】顶生或腋生圆锥花序，花白色，杂性，雄花与两性花同株，萼片 5 枚，椭圆形，花瓣 5 枚，阔卵形，与萼片互生；雄蕊 8 枚；子房扁形，2 室，柱头 2 裂。

花枝及花

【果及种子】两个扁形的翅果生于一个果梗上，嫩时紫红色，成熟时淡黄色，无毛；种子圆盘形。

果枝及果

【物候】花期 4 月，果期 9—10 月。

【生境分布】我国特有植物，分布于甘肃、陕西、四川、贵州、重庆、湖北、河南等地海拔 1000 ～ 2000 m 的森林中；阴条岭保护区分布于林口子至转坪、杨柳池、山王寨、骡马店、千子拔、兰英、三墩子等地海拔 1400 ～ 1900 m 的阔叶林下。

81 宜昌橙（野柑子）

【科属】芸香科 Rutaceae 柑橘属 *Citrus*

【学名】*Citrus cavaleriei* H. Lév. ex Cavalerie（*Citrus ichangensis* Swingle）

【级别】国家Ⅱ级

【生活型】常绿灌木，树高达 4 m。

生境

植株

【茎】茎灰白色，具粗壮的茎刺。

【枝叶】当年生枝绿色，具直锐刺，刺长达 2 cm，花枝上的刺通常退化；单身复叶，变异较大，长达 10 cm，宽达 4 cm。

茎及枝刺

叶（上：反面观；下：正面观）

被子植物

【**花**】花单生于叶腋；萼5浅裂，花瓣白色，5枚；雄蕊多数，花丝合生成多束。

花枝（正面观）

花枝（反面观）

花（正面观）

花（侧面观）

花（反面观）

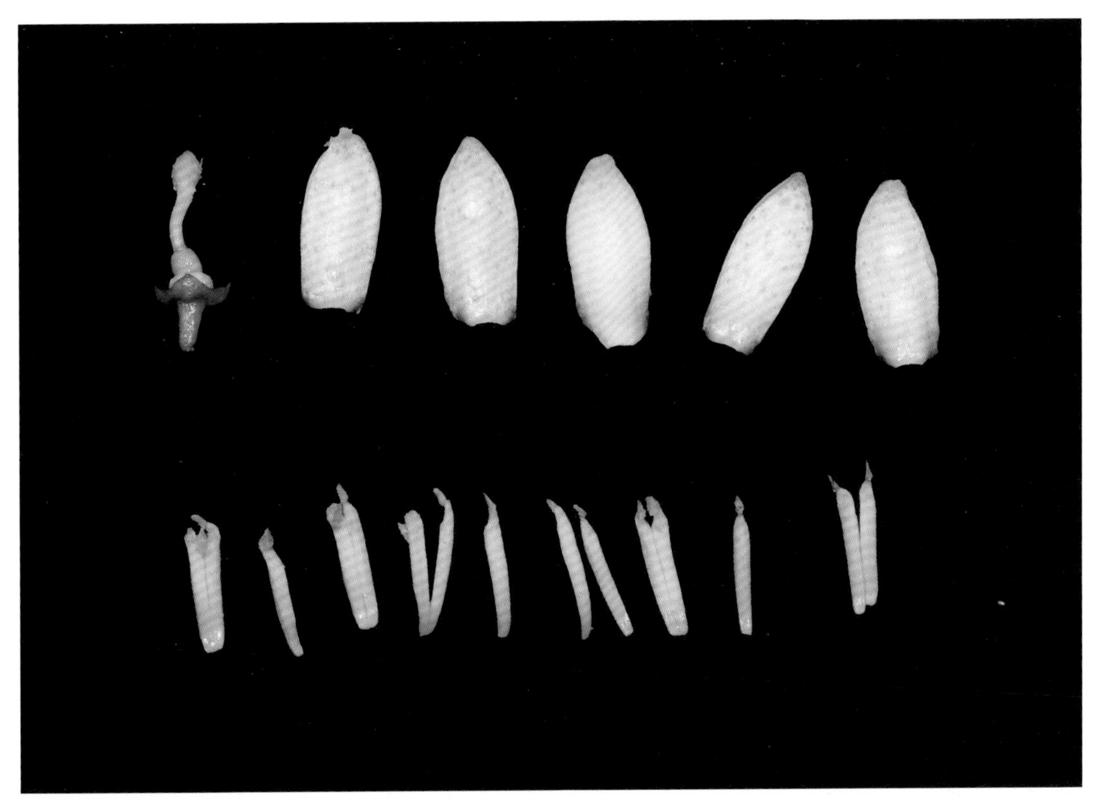

花部解剖

【果及种子】果扁圆形，直径达 4 cm，外果皮油胞大，明显凸起，瓢囊 7 ~ 10 瓣，果肉淡黄白色，酸，兼有苦及麻舌味；种子多数，近圆形而稍长，或不规则的四面体，2 或 3 面近于平坦，一面浑圆。

果

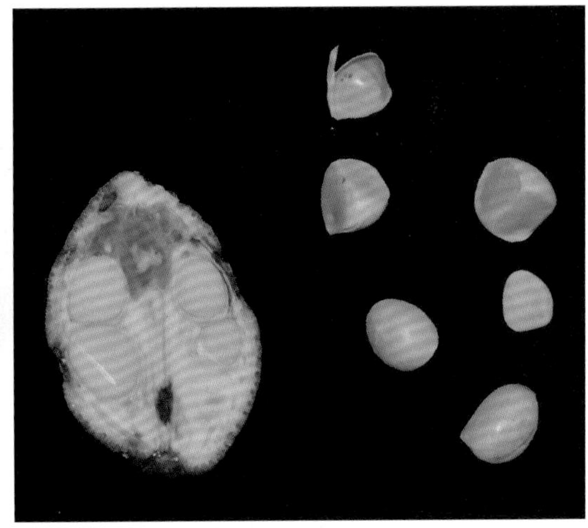

果纵切及种子

【物候】花期 5—6 月，果期 10 月。

【生境分布】分布于西藏、云南、贵州、四川、重庆、湖北等地海拔 2500 m 以下的山脊或沿河谷坡地；阴条岭保护区分布于兰英、林口子、红旗等地海拔 1100 ~ 1600 m 的河谷两岸森林下。

82 川黄檗（黄皮树）

【科属】芸香科 Rutaceae 黄檗属 *Phellodendron*

【学名】*Phellodendron chinense* C. K. Schneid.

【级别】国家Ⅱ级

【生活型】落叶乔木，树高达 10 m。

【茎】茎淡灰白色，内皮黄色。

植株及生境

茎

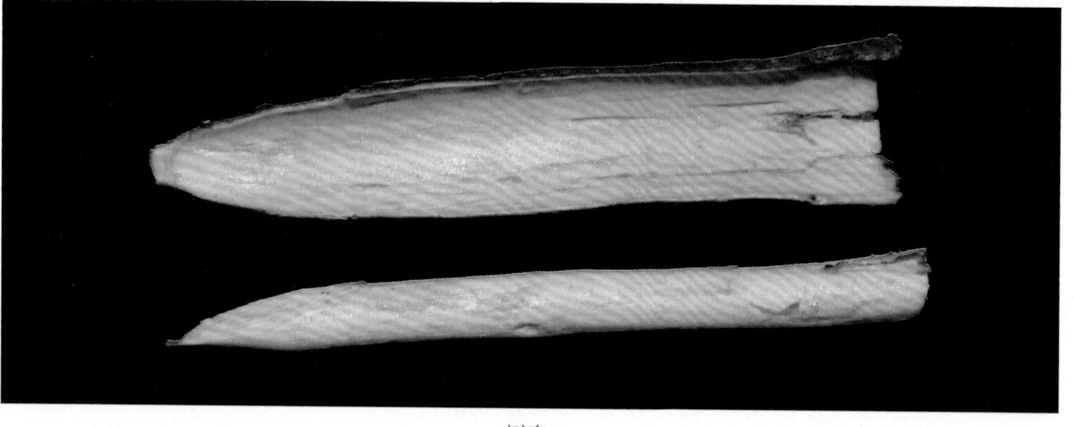

树皮

【**枝叶**】小枝粗壮，暗紫红色；奇数羽状复叶对生，叶轴及叶柄通常被褐锈色柔毛，有小叶 7 ~ 15 片；小叶厚纸质，长圆状披针形，顶部短尖，基部阔楔形，两侧通常略不对称，叶背被柔毛；侧生小叶近无小叶柄，顶生小叶有长约 1 cm 的小叶柄。

叶（正面观）　　叶（反面观）

羽片背面（示：被毛）

被子植物

【**花**】花单性，雌雄异株，圆锥状聚伞花序，顶生；花密集，花序轴粗壮，密被短柔毛；萼片、花瓣、雄蕊及心皮均为 5 数；萼片基部合生，花瓣覆瓦状排列。

花序（花蕾）

花序（盛开）

【**果及种子**】核果多数密集成团，蓝黑色，有分核 5 ~ 8 个，种子 5 ~ 8 粒。

果序

果部解剖

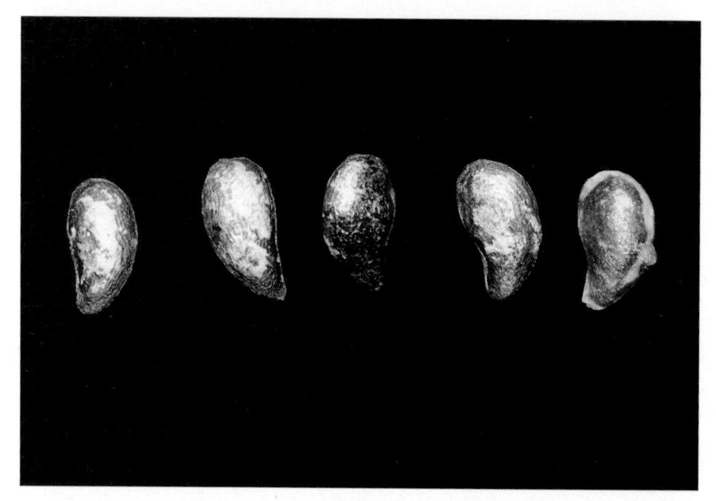

种子

【**物候**】花期 5—6 月，果期 9—11 月。

【**生境分布**】我国特有植物，分布于四川、重庆、湖北等地海拔 900 m 以上的杂木林中；阴条岭保护区分布于转坪、千子拔等地海拔 1600 ~ 1900 m 的阔叶林下。

83 红椿（毛红椿）

【科属】楝科 Meliaceae 香椿属 *Toona*

【学名】*Toona ciliata* M. Roem.［*Toona ciliata* var. *pubescens*（Franch.）Hand. -Mazz.］

【级别】国家Ⅱ级

【生活型】落叶乔木，树高达 18 m。

【茎】树皮灰褐色，具皮孔。

生境

植株

茎

芽

叶痕

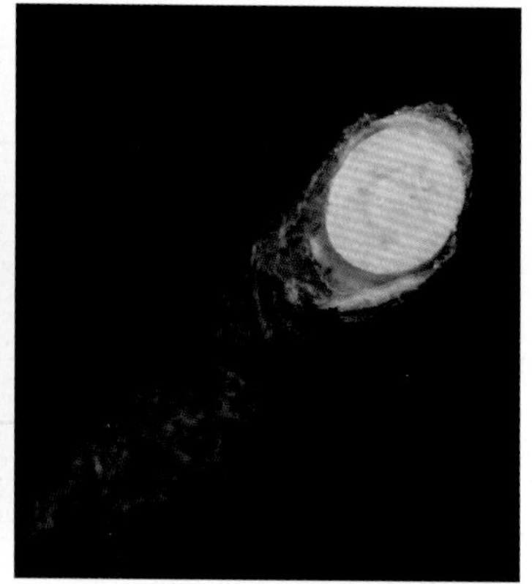
枝及髓

【**枝叶**】偶数羽状复叶，互生；小叶纸质，对生，近无柄，达10对，叶轴和小叶片背面被短柔毛；小叶长圆状披针形，边缘全缘或具疏锯齿，基部阔楔形，不对称，先端尾状渐尖。

叶（左：正面观；右：反面观）

叶轴、羽片（示：被毛）

【**花**】圆锥花序顶生，约与叶等长，被短硬毛；花具短花梗，花萼短，5裂，裂片钝，花瓣5枚，白色，长圆形；雄蕊5枚，约与花瓣等长；子房密被长硬毛，柱头盘状，有5条细纹。

花枝

花序

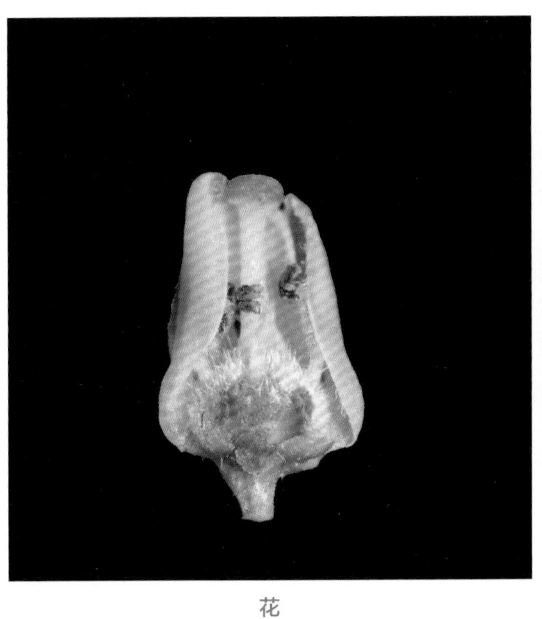

花

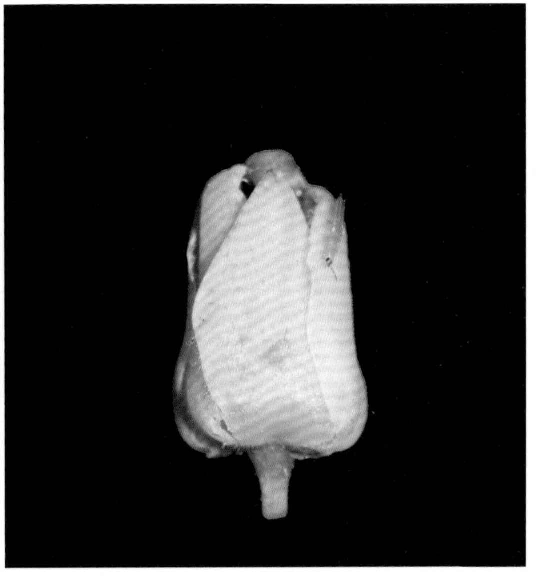

花纵剖

【果及种子】蒴果长椭圆形，木质；种子两端具膜质翅，翅扁平。

果枝

果部解剖

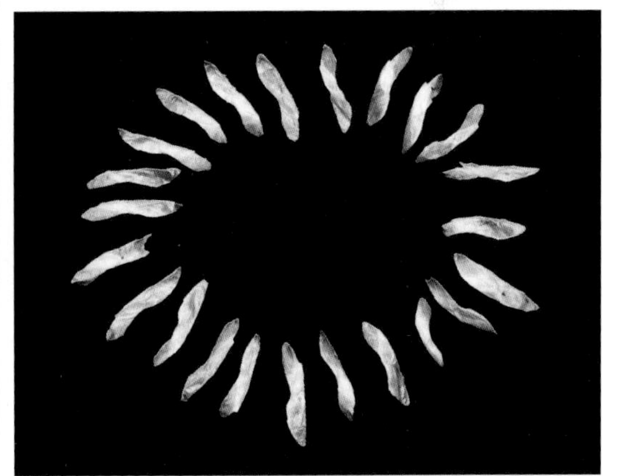

种子

【物候】花期 4—6 月，果期 10—12 月。

【生境分布】分布于云南、四川、重庆、湖北、湖南、广东、广西等地；阴条岭保护区分布于青岩河、红旗等地海拔 1100 ~ 1500 m 的阔叶林中。

84 瘿椒树（银鹊树、银雀树）

【科属】瘿椒树科 Tapisciaceae 瘿椒树属 *Tapiscia*

【学名】*Tapiscia sinensis* Oliv.

【级别】重庆市级

【生活型】落叶乔木，树高达 10 m。

【茎】树皮灰白色，具皮孔。

生境

植株

茎

【枝叶】奇数羽状复叶，互生；小叶纸质，通常 5 ~ 9 枚，基部 1 ~ 2 对小叶片有时为 3 出复叶；小叶卵状披针形，基部近心形，边缘具锯齿，先端尾状渐尖；小叶片正面绿色，反面带灰白色；顶生小叶柄较侧生小叶柄长。

【花】圆锥花序腋生，雄花与两性花异株；雄花序长达 25 cm，两性花的花序长约 10 cm；花小，黄色，有香气；花萼钟状，5 浅裂，花瓣 5 枚，狭倒卵形；雄蕊 5 枚，与花瓣互生；子房 1 室，1 枚胚珠。

幼嫩枝叶

叶柄及托叶

叶（左：反面观；右：正面观）

花枝

花序

【果】核果近球形。

果序

【物候】花期 6—8 月，果期 9—10 月。

【生境分布】分布于贵州、四川、重庆、湖北、湖南、广西、浙江等地山地林中；阴条岭保护区分布于兰英、林口子至龙洞湾、白龙潭等地海拔 1100 ~ 1600 m 的阔叶林下。

85 金荞麦（荞麦、苦荞头、野荞）

【科属】蓼科 Polygonaceae 荞麦属 *Fagopyrum*

【学名】*Fagopyrum dibotrys*（D. Don）H. Hara

【级别】国家Ⅱ级

【生活型】多年生草本，植株高约 80 cm。

生境

【茎】根状茎木质化，黑褐色，断面白色；地上茎直立，多分枝。

植株

根状茎和根

被子植物

【枝】叶三角形，顶端渐尖，基部近戟形，边缘全缘；叶柄较长，托叶鞘筒状，膜质，褐色，顶端截形。

枝叶

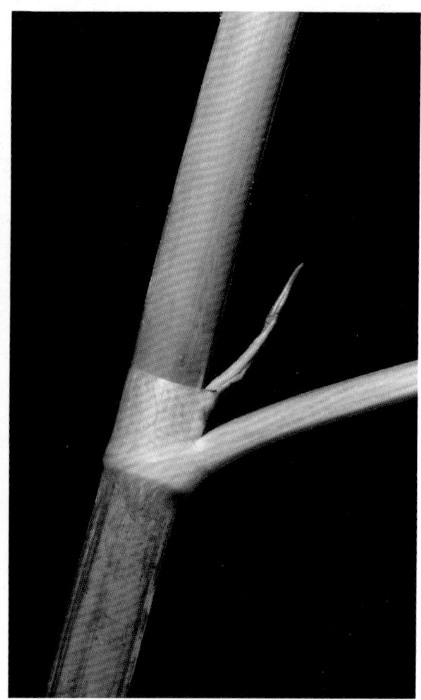

托叶鞘

【花】花序伞房状，顶生或腋生；苞片卵状披针形，每苞内具 2 ~ 4 花；花梗中部具关节，花被 5 深裂，白色，花被片长椭圆形，雄蕊 8 枚，花柱 3 裂，柱头头状。

花枝

花序

花（正面观）

花（侧面观）

【果】瘦果宽卵形，具 3 锐棱，具宿存花被。

果枝

【物候】花期 7—9 月，果期 10—11 月。

【生境分布】分布于我国西南、华中、华东、华南等地海拔 250 ~ 3200 m 的山谷湿地或山坡灌丛；阴条岭保护区分布于兰英、杨柳池、红旗至毛旋涡、五溪河等地海拔 500 ~ 1400 m 的路边草丛。

86 湖北凤仙花（霸王七、冷水七、红苋、止痛丹）

【科属】凤仙花科 Balsaminaceae 凤仙花属 *Impatiens*

【学名】*Impatiens pritzelii* Hook. f.

【级别】红色名录易危（VU）

【生活型】多年生草本，植株高约 60 cm。

【茎】具串珠状横走地下茎；茎肉质，不分枝，中、下部节膨大。

生境

植株

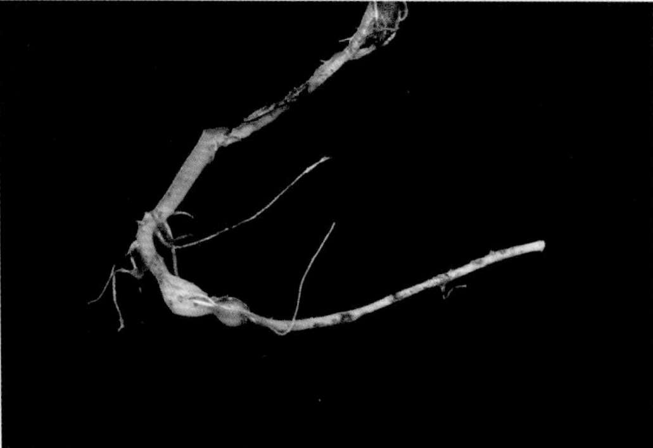

地下茎

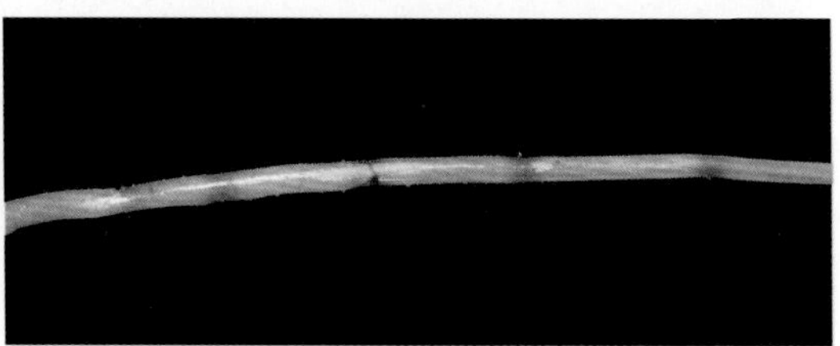

地上茎

被子植物

【叶】叶互生，常集生于茎端，无柄或具短柄；叶片长圆状披针形或宽卵状椭圆形，长 5 ~ 16 cm，宽 2 ~ 5 cm，顶端渐尖或急尖，基部楔状下延于叶柄，边缘具圆齿状齿，齿间具小刚毛，侧脉 7 ~ 9 对，中脉及侧脉两面明显。

叶（左：正面观；右：反面观）

叶缘齿及小刚毛

【花序】总状花序，生于上部叶腋，具 3 ~ 8 花；花梗细，长约 2 cm，基部苞片卵形或舟形，长 5 ~ 8 mm，革质，顶端渐尖。

花枝

花序

被子植物

【花】花黄色或黄白色，侧生萼片 4 枚，外面 2 枚宽卵形，渐尖，内面 2 枚线状披针形，顶端弧状弯，旗瓣宽椭圆形或倒卵形，膜质，中肋背面中上部稍增厚，具突尖；翼瓣具宽柄，2 裂，基部裂片倒卵形，上部裂片长圆形或近斧形，顶端圆形或微凹，背部有反折三角形小耳；唇瓣囊状，内弯，长约 3 cm，具淡棕红色斑纹，口部平展，先端尖，基部渐狭成内弯或卷曲的距；花丝线形，花药顶端钝；子房纺锤形，具长喙尖。

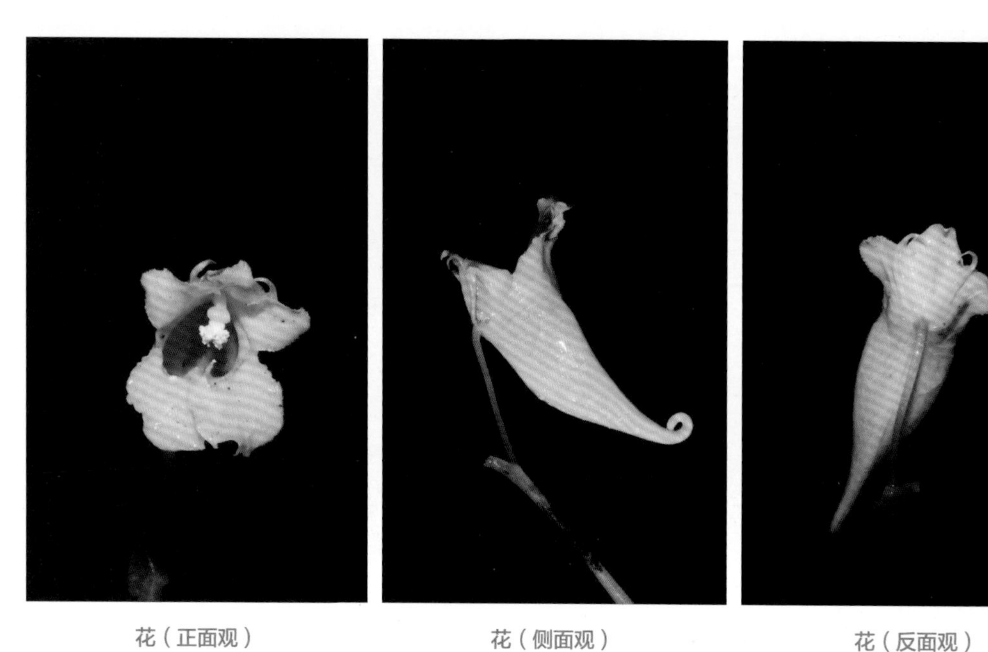

花（正面观）　　花（侧面观）　　花（反面观）

【果】瘦果宽卵形，具 3 锐棱，具宿存花被。

【物候】花期 9—10 月，果期 10—11 月。

【生境分布】我国特有植物，分布于四川、重庆、湖北等地海拔 400 ~ 1800 m 的山谷林下、沟边及湿润草丛中；阴条岭保护区分布于兰英河谷海拔 800 ~ 1200 m 的阴湿林下路边。

被子植物

87 珙桐（光叶珙桐、鸽子树、空桐树、水梨子）

【科属】蓝果树科 Nyssaceae 珙桐属 *Davidia*

【学名】*Davidia involucrata* Baill.［*Davidia involucrata* var. *vilmoriniana*（Dode）Wanger.］

【级别】国家Ⅰ级

【生活型】落叶乔木，树高达 15 m。

【茎】树皮灰褐至深褐色，成不规则薄片剥落。

生境

植株

茎

被子植物

【枝叶】叶互生，集生枝条顶部；宽卵形或圆形，长 9 ~ 15 cm，宽 7 ~ 12 cm，先端骤尖，基部心形，边缘具三角状粗齿；叶片背面有毛或无毛；侧脉 8 ~ 9 对，叶柄长 4 ~ 5 cm。

叶无毛（左：反面观；右：正面观）

叶被毛

【花】花杂性同株，常由多枚雄花与 1 枚雌花或两性花组成球形头状花序；直径约 2 cm，生于小枝近顶端叶腋；花序梗较长，基部具 2 枚大型白色椭圆形苞片——由于苞片像花瓣，其大小和形状极似白鸽之两翼，又名“鸽子树”；雄花无花被片，雄蕊花药紫色；雌花及两性花子房下位，子房上部具退化花被及雄蕊。

花枝

被子植物

花序

苞片

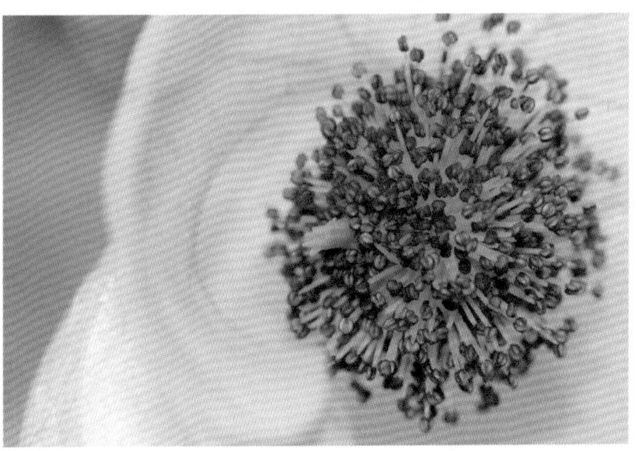

雄蕊和雌蕊

果枝

果（椭圆形）

果（球形）

被子植物

【**果及种子**】果梗粗壮，圆柱形；核果单生，球形或椭圆形，长 3 ~ 4 cm，径 1.5 ~ 2 cm，具黄色斑点及纵沟；形状像梨子，又名“水梨子”；外果皮薄，中果皮肉质，内果皮骨质具沟纹；种子 3 ~ 5 枚。

果部解剖

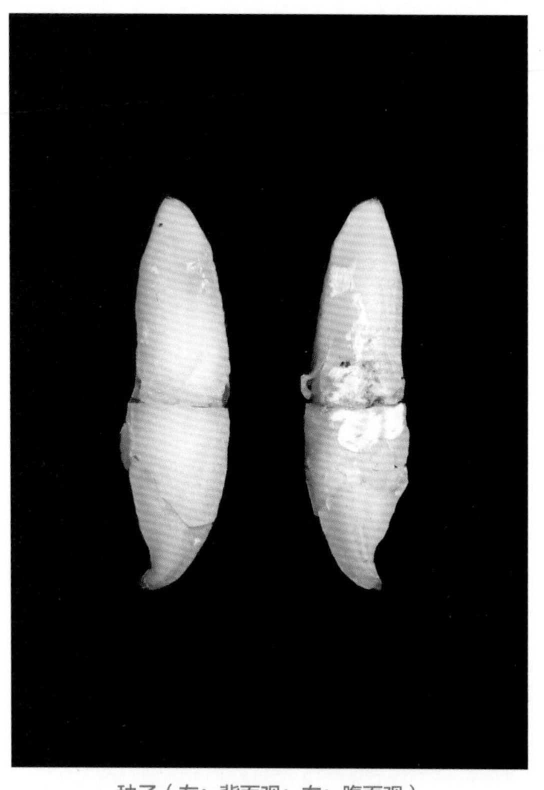

种子（左：背面观；右：腹面观）

【**物候**】花期 4—5 月，果期 7—10 月。

【**生境分布**】我国特有植物，分布于云南、四川、贵州、重庆、湖北等地海拔 1500 ~ 2200 m 的湿润常绿、落叶阔叶混交林中；阴条岭保护区分布于林口子、击鼓坪、山王寨等地海拔 1400 ~ 2400 m 的阔叶林中。

88 乌柿（黑塔子）

【科属】柿树科 Ebenaceae 柿树属 *Diospyros*

【学名】*Diospyros cathayensis* Steward

【级别】重庆市级

【生活型】常绿小乔木，植株高达 4 m。

【茎】茎深褐色或黑褐色，有枝刺。

植株

老茎

幼茎及枝刺

【**枝叶**】小枝纤细，褐色；叶薄革质，长圆状披针形，两端钝，正面光亮，反面淡绿色，嫩时有小柔毛，小脉结成不规则的疏网状；叶柄短。

枝叶

叶

【**花**】花单性；雄花为聚伞花序，花萼 4 深裂，裂片三角形，花冠壶状，4 裂，裂片宽卵形，反曲；雄蕊 16 枚，分成 8 对，每对的花丝一长一短，有长粗毛，花药线形；花梗长约 5 mm，总梗长约 10 mm，均密生短粗毛；雌花单生，白色，芳香；花萼 4 深裂，裂片卵形；花冠较花萼短，壶状，花冠 4 裂，裂片覆瓦状排列，近三角形，反曲；子房球形，6 室；花梗纤细，长 2 ~ 4 cm。

花枝

【果及种子】果球形，嫩时绿色，熟时黄色或橙红色，具4枚宿存萼片；种子橙黄色，长椭圆形。

果枝（未成熟）　果枝（成熟）

果（侧面观）　果（反面观）

果部解剖　种子

【物候】花期4—5月，果期8—10月。

【生境分布】我国特有植物，分布于云南、贵州、四川、重庆、湖北、湖南、安徽等地海拔600～1500 m的河谷、山地或山谷林中；阴条岭保护区分布于兰英海拔800～1500 m的山坡、路边。

89 茶

【科属】山茶科 Theaceae 山茶属 *Camellia*

【学名】*Camellia sinensis*（L.）Kuntze

【级别】国家Ⅱ级，红色名录易危（VU）

【生活型】落叶灌木，植株高达 4 m。

【茎】茎灰白色，光滑。

【枝叶】一年生枝绿色；叶革质，长椭圆形，长约 10 cm，宽约 5 cm，先端钝或尖锐，基部楔形，正面发亮，侧脉 5 ~ 7 对，边缘有锯齿。

枝叶（幼嫩）

植株及生境

枝叶（成熟）

被子植物

【花】花 1 ~ 3 朵腋生，白色；苞片 2 片，早落；萼片 5 片，阔卵形至圆形，宿存；花瓣 5 ~ 6 片，阔卵形，基部略连合；雄蕊多数，基部连生；子房密生白毛，花柱先端 3 裂。

叶（左：正面观；右：反面观）

花枝

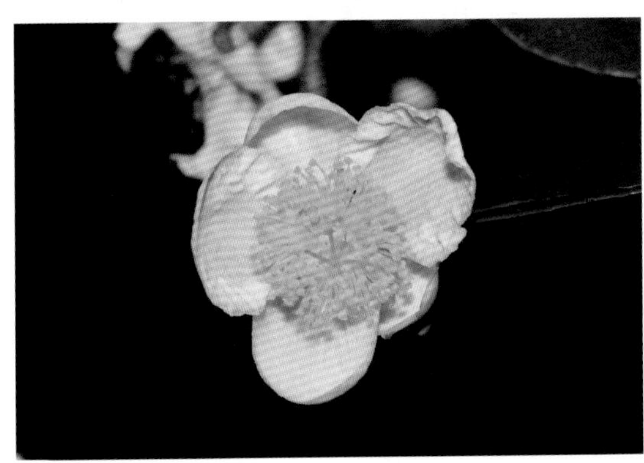

花（正面观）

花（侧面观）

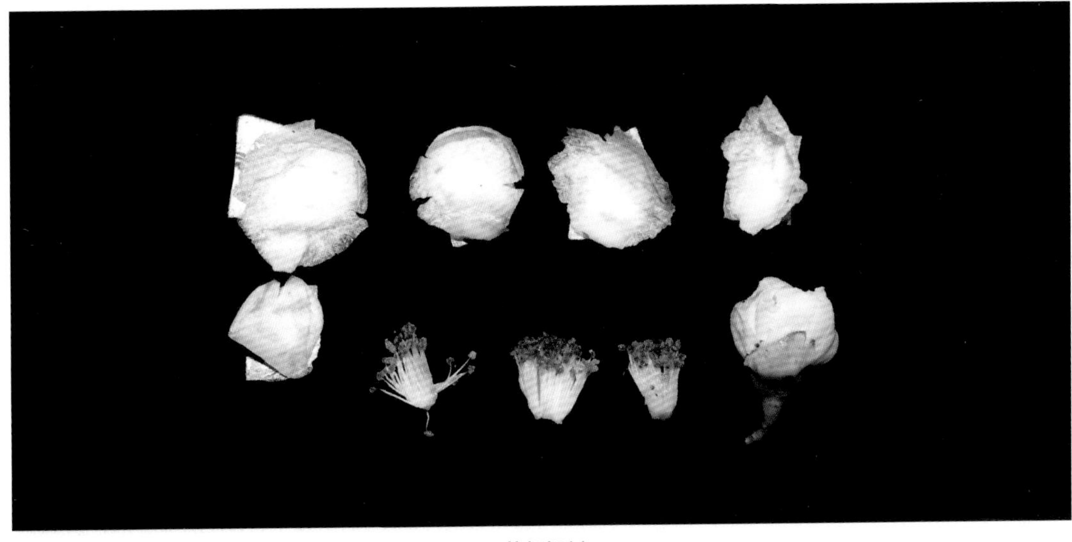

花部解剖

被子植物

【果及种子】蒴果球形，3 室，每室有种子 1 ~ 2 粒。

果枝

果（上：背面观；下：腹面观）

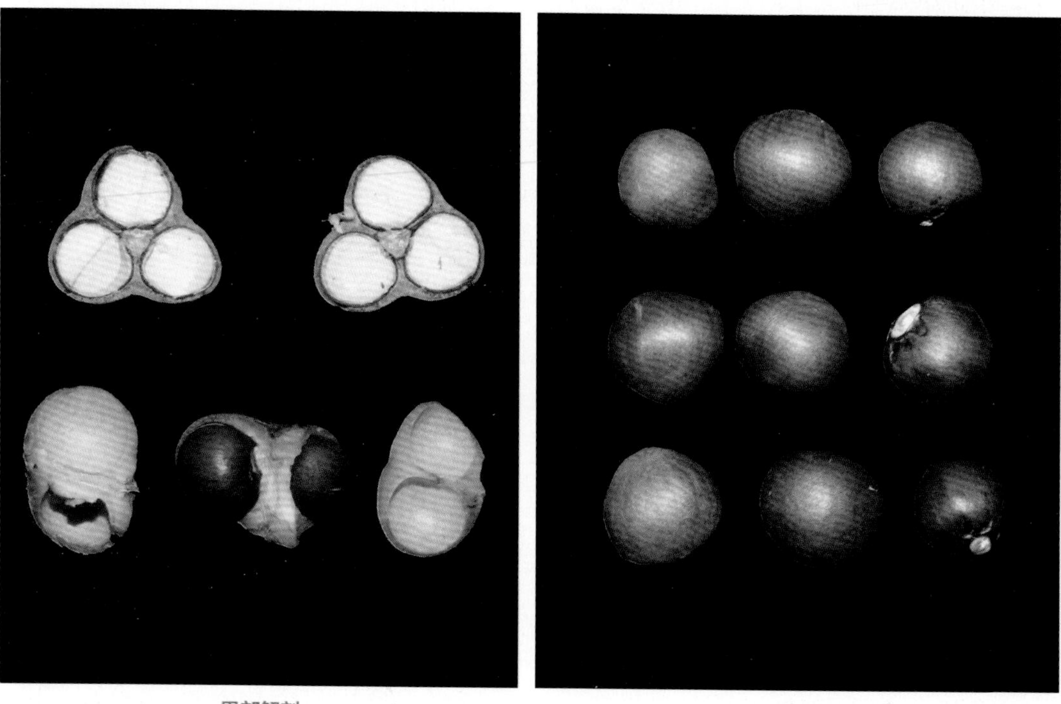

果部解剖

种子

【物候】花期 3—4 月，果期 9—12 月。

【生境分布】野生种分布于长江以南各地的山区；阴条岭保护区分布于兰英河谷海拔 600 ~ 1200 m 的林下，其他区域为人工栽培或逸为野生。

90 紫茎（马骝光）

【科属】山茶科 Theaceae 紫茎属 *Stewartia*

【学名】*Stewartia sinensis* Rehder & E. H. Wilson

【级别】重庆市级

【生活型】落叶乔木，植株高达 12 m。

【茎】树皮斑块状脱落，大树树干光滑，浅土黄色或紫红色。

植株及生境

茎（浅黄色）

茎（紫红色）

【枝叶】嫩枝黄褐色，被毛；叶纸质，卵状椭圆形，长达 10 cm，宽约 4 cm，先端渐尖，基部楔形，边缘有粗齿，反面叶腋常有簇生毛丛。

枝和芽

幼茎

枝叶

叶（左：正面观；右：反面观）

【花】花单生，花柄长 6 mm；苞片长卵形，2 枚；萼片 5 枚，基部连生，长卵形；花瓣阔卵形，基部连生；雄蕊有短的花丝管，被毛；子房有毛。

花枝及花

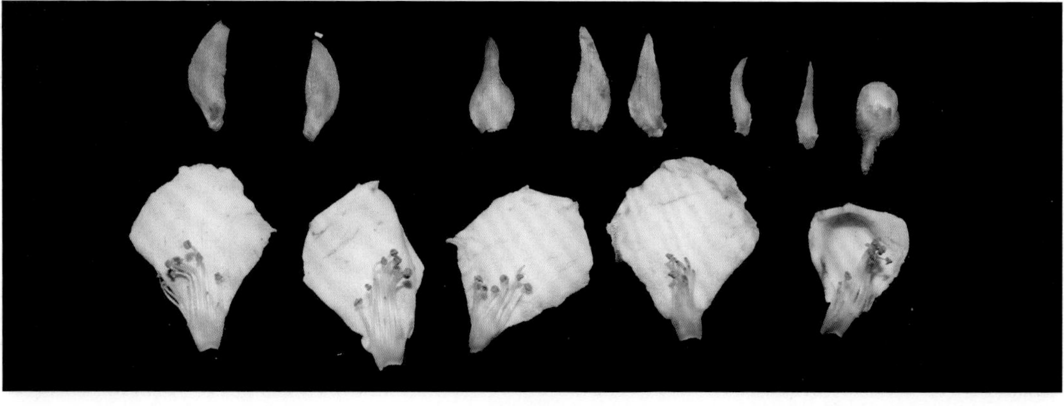

花部解剖

被子植物

【果及种子】蒴果卵圆形，先端尖；种子有窄翅。

果枝

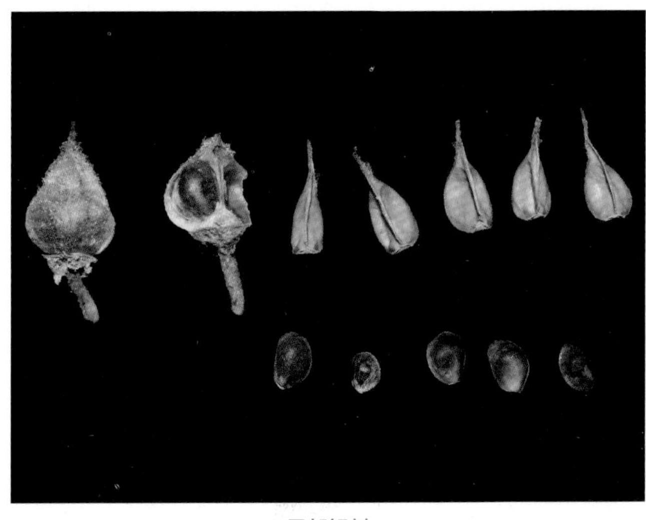

果部解剖

种子

【物候】花期 6 月，果期 9—10 月。

【生境分布】我国特有植物，分布于四川、重庆、湖北、安徽、江西、浙江等地阔叶林中；阴条岭保护区分布于鬼门关、蛇梁子、杨柳池、山王寨等地海拔 1400 ~ 2000 m 的阔叶林下。

91 白辛树

【科属】安息香科 Styracaceae 白辛树属 *Pterostyrax*

【学名】*Pterostyrax psilophyllus* Diels ex Perkins

【级别】重庆市级

【生活型】落叶乔木，树高达 17 m。

生境

植株

茎

【茎】树皮灰褐色，呈不规则开裂。

【枝叶】嫩枝被星状毛；叶硬纸质，长椭圆形或倒卵形，长达 15cm，宽达 8cm，顶端渐尖，基部楔形，边缘具细锯齿，正面绿色，反面灰绿色；嫩叶上面被黄色星状柔毛，下面密被灰色星状绒毛，侧脉在两面明显隆起。

枝叶

叶（左：反面观；右：正面观）

花枝

【花序】圆锥花序顶生或腋生，密被黄色星状绒毛。

【花】白色，花梗长约 2 mm；苞片和小苞片早落；花萼钟状，5 脉，萼齿披针形；花瓣长椭圆形，长约 6 mm，宽约 2 mm，顶端钝；雄蕊 10 枚，花丝宽扁，花药长圆形；子房密被灰白色粗毛，柱头稍 3 裂。

花序（正面观）

花序（侧面观）

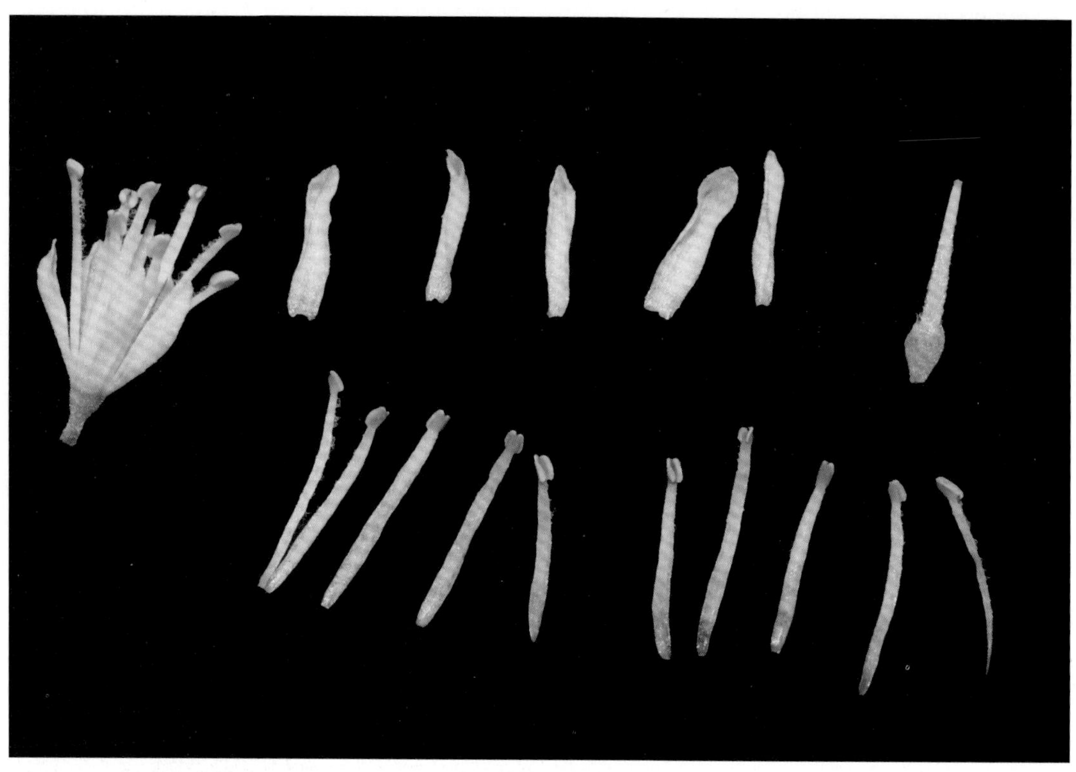
花部解剖

【果】果近纺锤形，顶端具喙，具 5 ~ 10 棱，密被灰黄色长硬毛。

果序

果

【物候】花期 4—5 月，果期 8—10 月。

【生境分布】我国特有植物，分布于四川、云南、贵州、广西、湖南、湖北和重庆等地森林中；阴条岭保护区分布于林口子、红旗、兰英等地海拔 1400 ~ 2000 m 的阔叶林中。

92 中华猕猴桃（羊桃、毛梨）

【科属】猕猴桃科 Actinidiaceae 猕猴桃属 *Actinidia*

【学名】*Actinidia chinensis* Planch.

【级别】国家Ⅱ级

【生活型】大型落叶藤本。

【茎】嫩枝被灰白色茸毛或褐色长硬毛，老时秃净；茎皮孔长圆形，髓褐色，片层状。

植株及生境

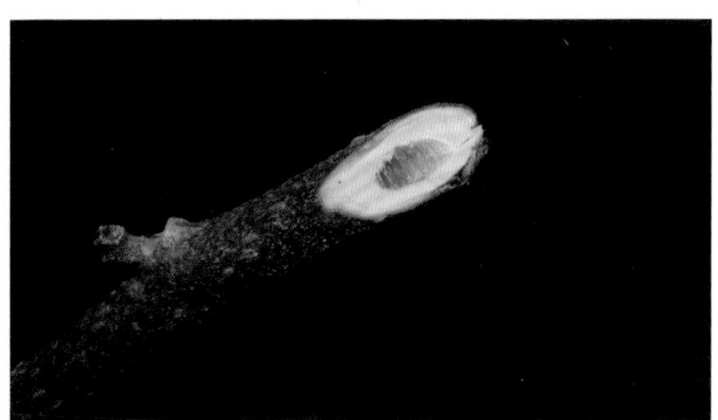

枝及褐色隔片状髓（横切）

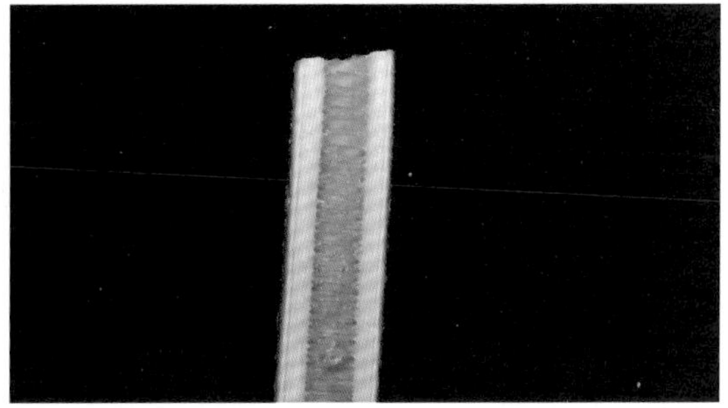

枝及褐色隔片状髓（纵切）

枝及芽

被子植物

【枝叶】叶纸质，倒阔卵形至近圆形，长达 15 cm，宽达 10 cm，顶端截平并中间凹入或具突尖至短渐尖，基部截平形至浅心形，边缘具睫状小齿，腹面深绿色，背面苍绿色，密被淡褐色星状绒毛；叶柄长达 8 cm，被茸毛。

叶（从左至右：1、4 反面观；2、3 正面观）

【花】聚伞花序 1 ~ 3 花，花序柄长 7 ~ 15 mm，花柄长 9 ~ 15 mm；苞片小，卵形或钻形，长约 1 mm，均被灰白色丝状绒毛或黄褐色茸毛；花初放时白色，开放后变淡黄色，有香气，直径 1.8 ~ 3.5 cm；萼片 3 ~ 7 片，通常 5 片，阔卵形至卵状长圆形，长 6 ~ 10 mm，两面密被压紧的黄褐色绒毛；花瓣常为 5 片，阔倒卵形，有短距，长 10 ~ 20 mm，宽 6 ~ 17 mm；雄蕊极多，花丝狭条形，长 5 ~ 10 mm，花药黄色，长圆形，长 1.5 ~ 2 mm，基部叉开或不叉开；子房球形，径约 5 mm，密被金黄色刷毛状糙毛，花柱狭条形。

花枝

花（左：正面观；右：反面观）

花部解剖

被子植物

【果】果黄褐色，近球形，长达 5 cm，被茸毛或长硬毛，具小而多的淡褐色斑点；宿存萼片反折。

果（幼嫩）

果（成熟）

【物候】花期 5—6 月，果期 9—10 月。

【生境分布】我国特有植物，分布于陕西、四川、重庆、湖北、湖南、河南、安徽、江苏、浙江、江西、福建、广东、广西等地海拔 200 ~ 1600 m 的林缘、灌丛中；阴条岭保护区分布于林口子、骡马店、红旗、兰英等地海拔 800 ~ 1600 m 的林缘。

93 杜　仲

【科属】杜仲科 Eucommiaceae 杜仲属 *Eucommia*

【学名】*Eucommia ulmoides* Oliv.

【级别】红色名录野外灭绝（EW）

【生活型】落叶乔木，树高达 12 m。

【茎】树皮灰褐色，粗糙，内含橡胶。

植株及生境

茎

树皮

【枝叶】嫩枝有黄褐色毛，老枝有明显的皮孔；叶椭圆形，薄革质，长 7 ~ 10 cm，宽 4 ~ 6 cm；基部阔楔形，先端渐尖，边缘有锯齿，叶内含橡胶，折断拉开有细丝；叶柄长约 1.5 cm，上面有槽。

枝叶

叶（左：正面观；右：反面观）

【花】花生于当年枝基部；雄花无花被，苞片倒卵状匙形，顶端圆形，边缘有睫毛，雄蕊长约 1 cm，药隔突出；雌花单生，苞片倒卵形，子房 1 室，扁而长，先端 2 裂，子房柄极短。

雌花枝

雄花枝

雌花

雄花

【果及种子】翅果扁平，长椭圆形，长约 3 cm，宽 1 cm，先端 2 裂，基部楔形，周围具薄翅；坚果位于中央，与果梗相接处有关节；种子扁平，线形。

果序

果及种子

【物候】花期 2—3 月，果期 9—10 月。

【生境分布】分布于甘肃、陕西、云南、贵州、四川、重庆、湖北、湖南等地；阴条岭保护区兰英、杨柳池等地海拔 1000 ~ 1400 m 的沟谷边或林缘有逸为野生的种群，其他区域多为人工栽培。

94 香果树（茄子树）

【科属】茜草科 Rubiaceae 香果树属 *Emmenopterys*

【学名】*Emmenopterys henryi* Oliv.

【级别】国家Ⅱ级

【生活型】落叶乔木，树高达 18 m。

【茎】直立，灰白色。

生境

植株

茎

被子植物

【枝叶】一年生枝绿色，被绒毛；二年生枝浅褐色，毛逐渐褪尽；叶对生，宽椭圆形，长达15 cm，先端短尖，基部宽楔形，下面被柔毛，脉腋常有簇毛；叶柄长达3 cm，托叶三角状卵形，早落。

托叶

叶（左：反面观；右：正面观）

【花】圆锥状聚伞花序顶生，芳香；花萼筒长约4 mm，萼裂片近圆形，叶状萼裂片白色，匙状卵形，有纵脉数条，柄长约2 cm；花冠漏斗形，白色，长3 cm，被黄白色绒毛，裂片近圆形。

花枝

被子植物

花（正面观）

花（侧面观）

【果及种子】蒴果长圆状卵形，长约 3 cm，径 1 cm，有纵细棱；种子小而有阔翅。

果枝

【物候】花期 6—8 月，果期 8—11 月。

【生境分布】我国特有植物，分布于甘肃、陕西、云南、贵州、四川、重庆、湖北、浙江等地海拔 430 ~ 1630 m 的山谷林中；阴条岭保护区分布于林口子、红旗等地海拔 1100 ~ 1600 m 的河谷两岸森林中。

95 三峡白前

【科属】夹竹桃科 Apocynaceae 白前属 *Vincetoxicum*

【学名】*Vincetoxicum pingtaoanum* Cai F. Zhang, G. W. Hu & Q. F. Wang

【级别】红色名录易危（VU）

【生活型】多年生木质藤本。

【茎】茎绿色，无毛。

植株及生境

茎

被子植物

【叶】叶对生，革质，披针形或卵状披针形，幼时带红色；基部钝，先端锐尖，中脉两面突起，侧脉 4 对或 5 对；茎下部叶片较上部叶片大。

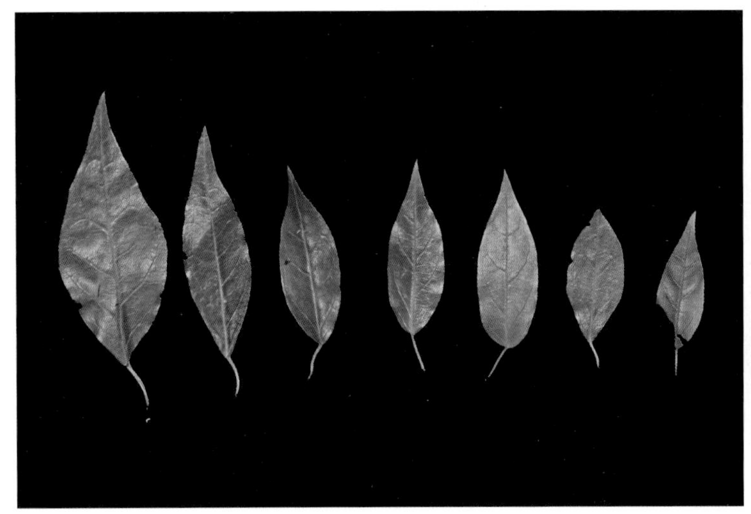

叶（正面观）

叶（反面观）

【花】花序纤细，有 9 ~ 14 朵花（每个节中有 4 ~ 6 朵花），大部分由两个分开的小聚伞花序组成；花梗纤细，13 ~ 23 mm，略带紫色；萼裂片 5 枚，三角状卵形，每个裂片之间有一个深棕色腺体；花冠绿黄色，喉部略带紫色，深裂，海星状，裂片平展，顺时针扭曲，线状披针形；合蕊冠直径 2 ~ 2.3 mm，裂片肉质，卵球形，背面圆形；花药长圆形菱形，花粉粒 2，长圆形肾形。

花序

被子植物

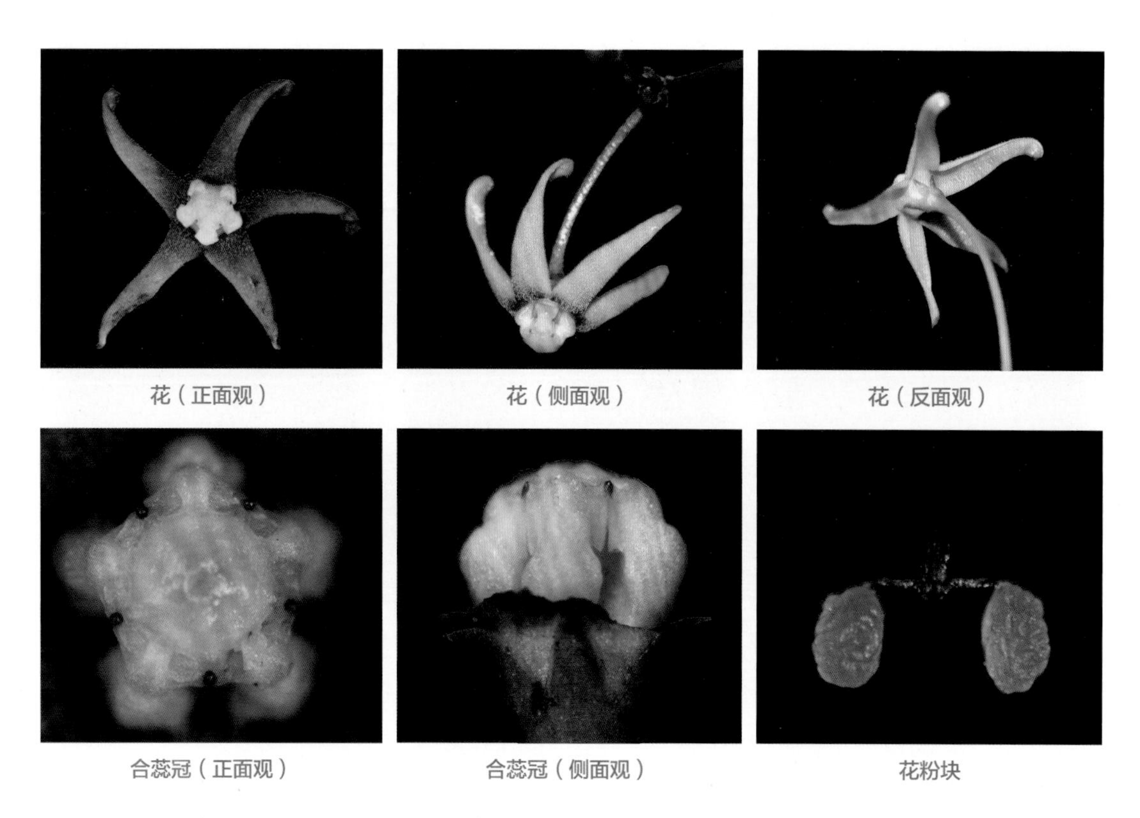

花（正面观）　花（侧面观）　花（反面观）

合蕊冠（正面观）　合蕊冠（侧面观）　花粉块

【果及种子】蓇葖果 2 个，对生，狭纺锤形；种子瓶状，一侧近平坦，另一侧稍凸。

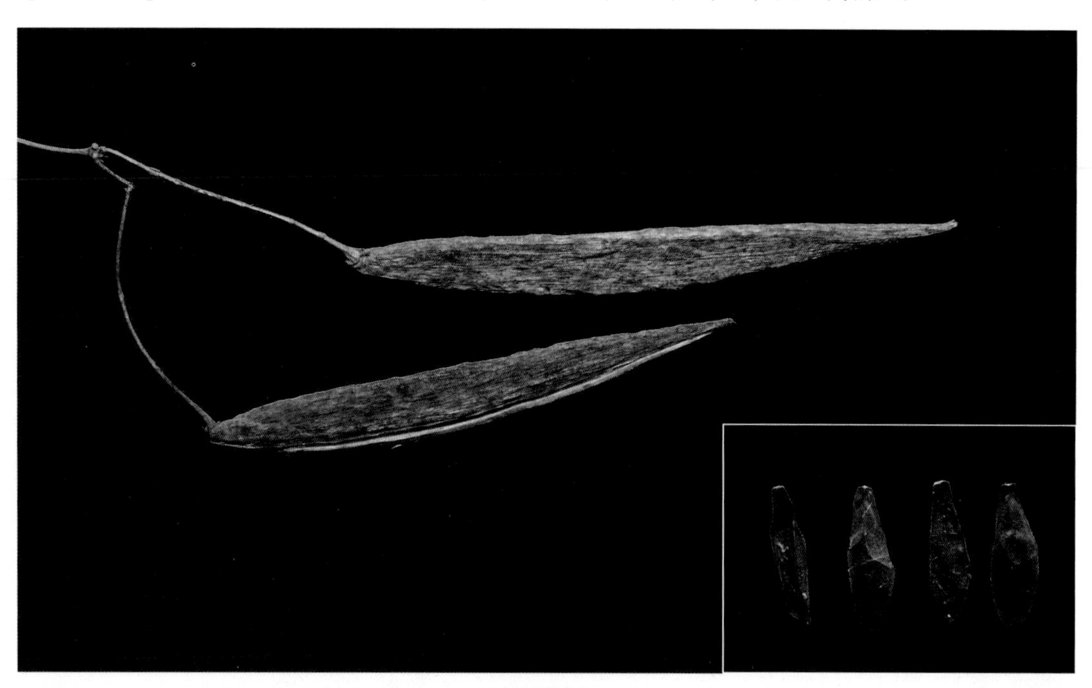

果及种子

【物候】花期 4—8 月，果期 7—12 月。

【生境分布】系 2022 年发表的新种，目前分布于三峡库区的巫溪、巫山和奉节，生于海拔 300 ~ 1200 m 的石灰岩沟谷或山坡；阴条岭保护区分布于兰阴河谷（模式标本产地）。

96 圆齿金盏苣苔

【科属】苦苣苔科 Gesneriaceae 马铃苣苔属 *Oreocharis*

【学名】*Oreocharis crenata*（K. Y. Pan） Mich. Möller & A.Weber

【级别】红色名录濒危（EN）

【生活型】多年生草本植物，植株高约 25 cm。

大生境　　小生境

植株（营养期）　　植株（花期）

被子植物

【茎】根状茎短小。

【叶】叶全部基生、莲座状；叶片椭圆形，长 3 ~ 7 cm，宽 1.4 ~ 1.8 cm，顶端圆形，基部楔形，边缘具细圆齿，上面被较密的灰白色贴伏柔毛，下面被棕色长柔毛；叶柄长 1 ~ 2 cm，密被棕色长柔毛。

叶（从左至右：1、3 反面观，2、4 正面观）

【花】聚伞花序 2 ~ 5 朵花，花序梗长 5 ~ 10 cm，花梗被褐色长柔毛和腺状短柔毛，花梗长约 1.5 cm；花萼裂片披针形，长约 3 mm，顶端渐尖，全缘，外面被长柔毛，内面无毛；花冠细筒状，淡紫红色，长约 14 mm，外面疏被短柔毛，内面仅檐部被微柔毛；筒长约 9 mm，为檐部的 2 倍，直径 3 ~ 3.6 mm，喉部缢缩；上唇长约 5 mm，2 深裂，下唇长 3 mm，全部裂片倒卵形，顶端圆形；雄蕊无毛，上雄蕊长 4.5 mm，着生于距花冠基部 3.5 mm 处，下雄蕊长 3.5 mm，着生于距花冠基部 5 mm 处，花药长 0.8 mm；退化雄蕊长约 0.3 mm，着生于距花冠基部 1.5 mm 处；花盘高 1 ~ 1.5 mm，上部波状；雌蕊长约 10 mm，子房长约 5 mm，被较密的柔毛，花柱与子房等长，近无毛，柱头 2，长 0.6 mm。

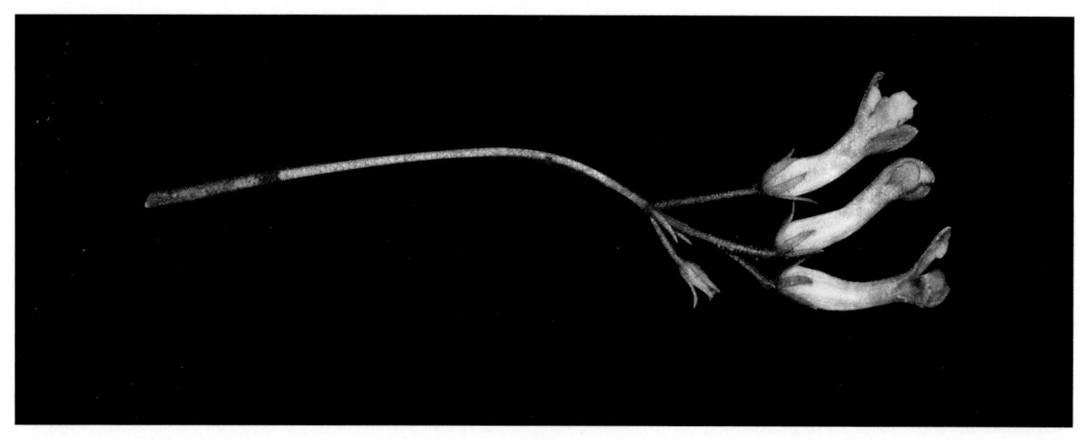

花序

花（正面观）

花（侧面观）

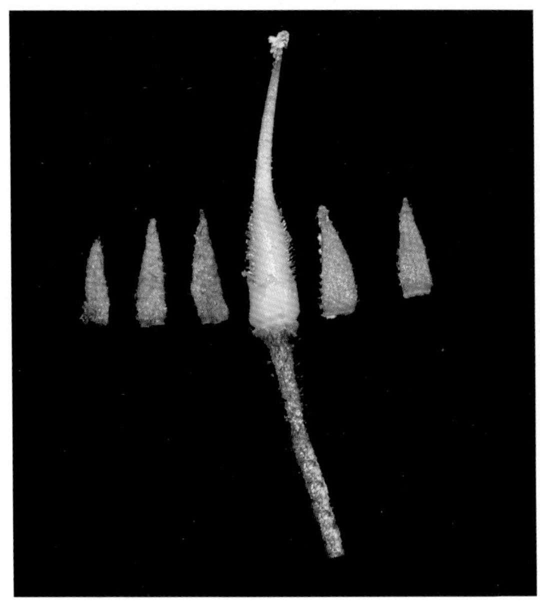

花萼和雌蕊

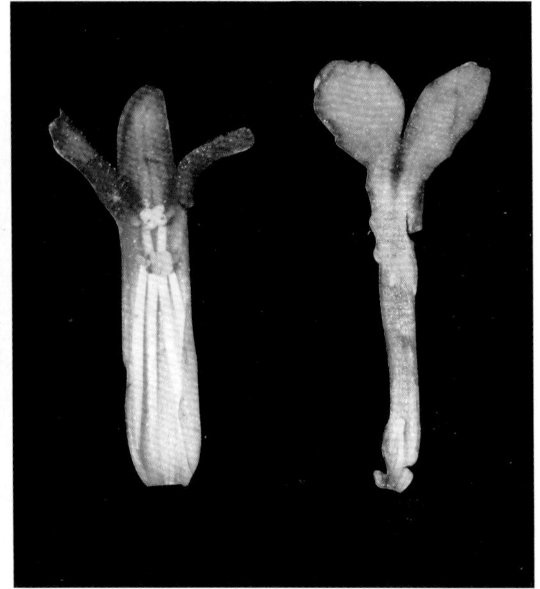

花冠和雄蕊

【果】蒴果线形。

【物候】花期 5—6 月，果期 6—7 月。

【生境分布】我国特有植物，分布于湖北、重庆巫溪（重庆新记录种）；阴条岭保护区分布在五溪河、铜罐沟等地海拔 500 ~ 700 m 的潮湿石灰岩壁上。

97 巫溪马铃苣苔

【科属】苦苣苔科 Gesneriaceae 马铃苣苔属 Oreocharis

【学名】*Oreocharis wuxiensis* C. Xiong, Feng Chen bis & F. Wen

【级别】红色名录易危（VU）

【生活型】多年生草本植物，植株高约 30 cm。

生境

【茎】根状茎短小。

【叶】叶全部基生，莲座状；长圆状卵形，长 2.5 ~ 5.5 cm，宽 1.5 ~ 3 cm，正面绿色，被灰色短柔毛和锈色长柔毛，背面淡绿色至灰绿色，被锈色长柔毛，先端锐尖，基部楔形至宽楔形，边缘具粗锯齿，侧脉 3 ~ 5（~ 6）条，在正面凹陷，反面隆起。

叶（从左至右：1、4 正面观，2、3 反面观）

【**花**】聚伞花序 1 ~ 7 朵花，花序梗长 5 ~ 15 cm，被锈色长柔毛和腺毛；苞片 2，浅绿色，狭三角形到披针形，边缘全缘；花梗长 0.8 ~ 3.2 cm，被腺毛，花萼 5 深裂，披针形；花冠深粉红色至紫红色，长 1.1 ~ 1.3 cm，外面被柔毛和腺毛，花筒侧面观管状，背面和腹面观略呈漏斗状，基部稍膨大，二唇形；雄蕊 4，花盘蜡黄色，边缘波状；雌蕊无毛，子房圆柱状，花柱与子房近等长。

植株（初花期）

植株（盛花期）

植株（果期）

花序（正面观）

花序（侧面观）

花（俯面观）

被子植物

花（侧面观）　　花（背面观）

花萼和雌蕊　　花冠和雄蕊

【果】蒴果线形，无毛，长 2 ～ 2.5 cm。

果序（未成熟）　　果序（成熟）

【物候】花期 5—6 月，果期 6—8 月。

【生境分布】系 2023 年发表的新种，模式标本采自巫溪阴条岭；阴条岭保护区目前仅分布在转坪、红旗、兰英大峡谷等地海拔 1060 ～ 1670 m 的潮湿石壁上。

98 崖白菜（呆白菜）

【科属】列当科 Orobanchaceae 崖白菜属 *Triaenophora*

【学名】*Triaenophora rupestris*（Hemsl.）Soler.

【级别】国家Ⅱ级，红色名录濒危（EN）

【生活型】多年生草本植物，高约 30 cm，植株密被白色绵毛。

生境及植株

植株

【根和茎】根茎短，粗壮，不质化。

【叶】基生叶近莲座状，具长 2 ~ 5 cm 的柄；叶片卵状矩圆形或长椭圆形，长 5 ~ 11 cm，叶片两面被白色绵毛，边缘具齿或浅裂抑或全缘；茎生叶与基生叶相似，向上逐渐缩小，顶部的成为苞片。

根茎

叶

【花】花具短梗，在枝顶部排成稍偏于一侧的总状花序；小苞片 2 枚，条形；萼筒状，萼齿 5 枚；花冠紫红色，狭筒状，裂片 5 枚，上唇裂片宽卵形，下唇裂片矩圆状卵形；雄蕊 4 枚，二强，子房 2 室。

花序（花蕾）

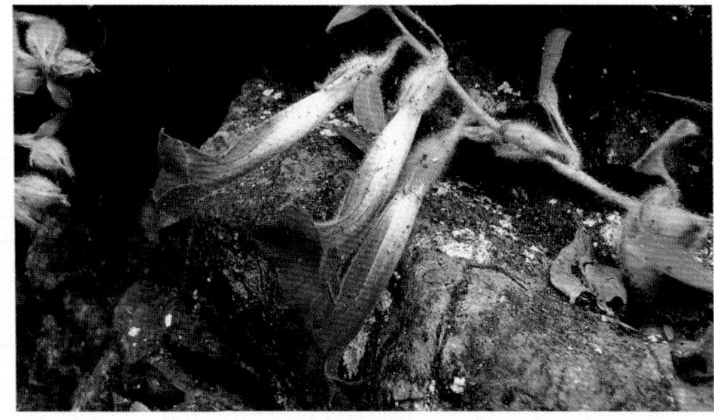

花序（盛开）

花序（盛开）

花部解剖

【果及种子】蒴果矩圆形；种子多数。

【物候】花期 8—9 月，果期 6—8 月。

【生境分布】我国特有植物，分布于湖北、湖南、重庆等地；阴条岭保护区分布于红旗等地海拔 900 ~ 1200 m 的石灰岩崖壁上。

99 疙瘩七（羽叶三七）

【科属】五加科 Araliaceae 人参属 *Panax*

【学名】*Panax bipinnatifidus* Seem.

【级别】国家Ⅱ级，红色名录濒危（EN）

【生活型】多年生草本，植物高达 45 cm。

【根】根纤维状。

【茎】根状茎横走，串珠状；地上茎单生，高约 40 cm。

【叶】掌状复叶，4 枚轮生于茎顶；叶柄长达 5 cm，小叶片长圆形，二回羽状深裂，裂片有不整齐的小裂片和锯齿；小叶近无柄。

生境

植株

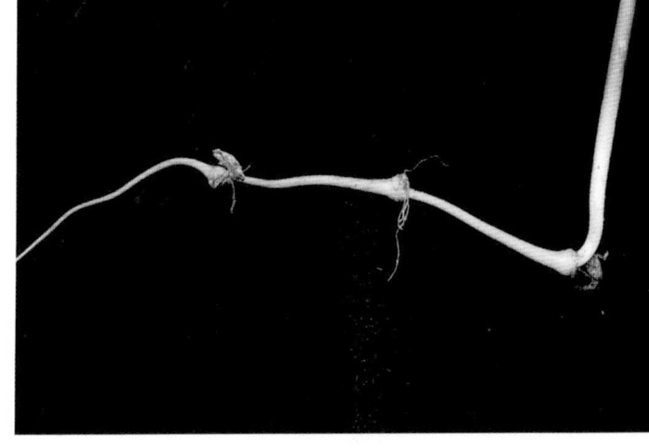

根状茎

叶

【**花**】伞形花序单个顶生，有花 15 ~ 30 朵；总花梗长约 25 cm；花梗纤细，长约 1 cm；苞片不明显，花黄绿色，萼杯状，边缘有 5 个三角形的齿，花瓣 5 枚，雄蕊 5 枚；子房 2 室，花柱 2 裂。

花序

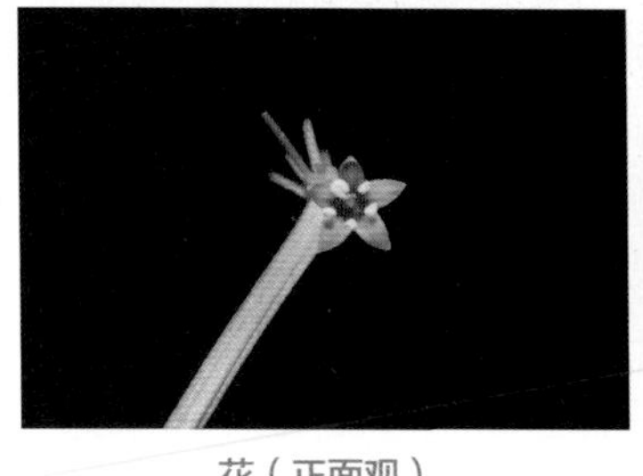

花（正面观）

花（侧面观）

花（反面观）

【**果及种子**】果实扁球形；种子椭圆形。

【**物候**】花期 5—6 月，果期 9—10 月。

【**生境分布**】分布于西藏、云南、贵州、四川、甘肃、陕西和湖北等地海拔 1900 ~ 3200 m 的森林下；阴条岭保护区分布于转坪、阴条岭等地海拔 2400 m 的阔叶林下。

果序

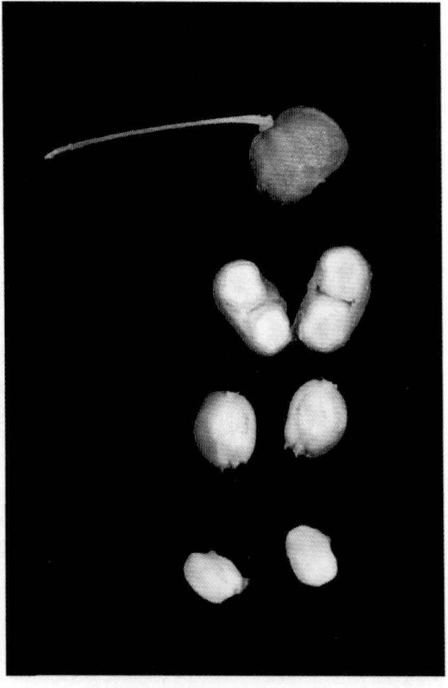

果部解剖及种子

被子植物

100 珠子参（扣子七）

【科属】五加科 Araliaceae 人参属 *Panax*

【学名】*Panax japonicus* var. *major*（Burkill）C. Y. Wu & K. M. Feng

【级别】国家Ⅱ级

【生活型】多年生草本，植物高达 40 cm。

生境　　植株

【根】根纤维状。

【茎】根状茎横走，竹鞭状或串珠状；地上茎单生，高约 50 cm。

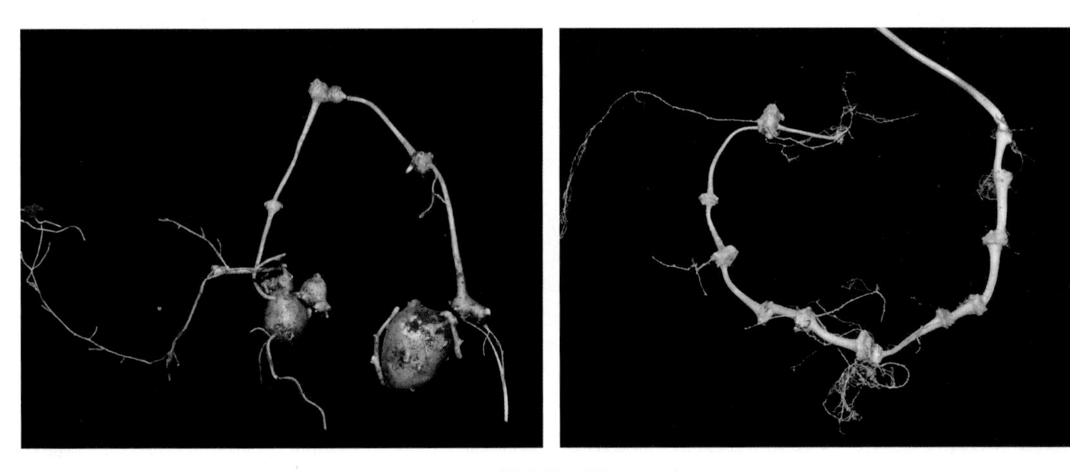

根状茎和根

被子植物

【叶】掌状复叶，4枚轮生于茎顶；叶柄长达4 cm，小叶片5 ~ 7枚，倒卵形，裂片有细锯齿或重锯齿；小叶近无柄。

叶

【花】伞形花序单个顶生，有花20 ~ 40朵；总花梗长约30 cm；花梗纤细，长约1 cm；苞片不明显，花黄绿色，萼杯状，花瓣5枚，雄蕊5枚；子房2室，花柱2裂。

花序　　花（正面观）

花（侧面观）　　花（反面观）

【**果**】果实球形，红色；种子椭圆形。

果序

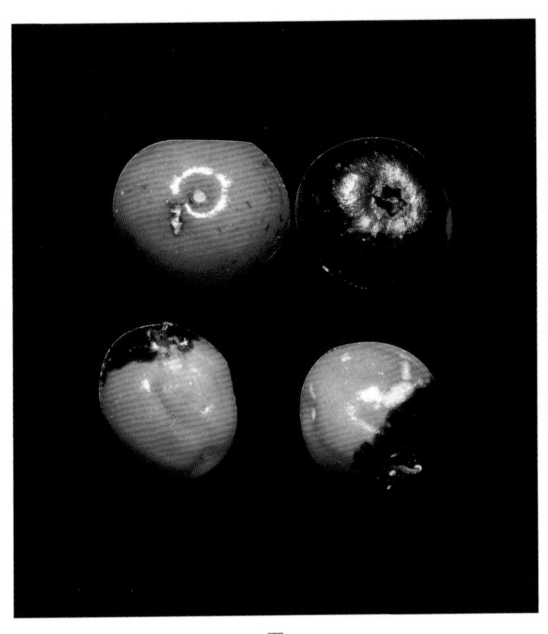

果

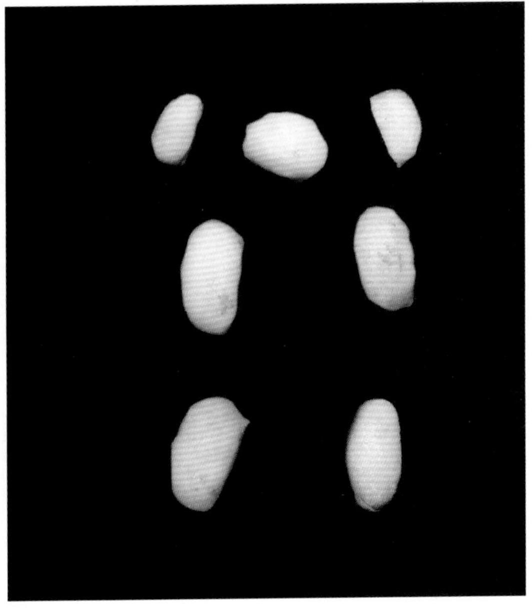

种子

【**物候**】花期 5—6 月，果期 9—10 月。

【**生境分布**】分布于西藏、甘肃、陕西、云南、贵州、四川、重庆和湖北等地海拔 1200 ~ 2800 m 的森林下；阴条岭保护区分布于转坪、阴条岭等地海拔 2000 m 的阔叶林下。

中文名索引

拉丁学名索引

A

B

C

R

S

T

V

参考文献

[1] JI Y H. A Monograph of *Paris* (Melanthiaceae) [M]. Peking: Science Press Beijing, 2021.

[2] XIONG C, CHEN F, ZHANG J H, et. al. *Oreocharis wuxiensis* (Gesneriaceae), a new lithophilous species from Northeast Chongqing, China [J]. Phytotaxa, 2023, 594 (1): 73-77.

[3] YANG Y, FERGUSON D K, LIU B, et. al. Recent advances on phylogenomics of gymnosperms and a new classification [J]. Plant Diversity, 2022 (44): 340-350.

[4] ZHANG C F, WANG Y, CHEN F, et. al. *Vincetoxicum pingtaoanum* (Apocynaceae: Asclepiadeae), a new species from the Three Gorges District in Central China. [J]. Phytotaxa, 2022, 564 (1): 59-70.

[5]《濒危野生动植物种国际贸易公约》[中华人民共和国濒危物种进出口管理办公室 中华人民共和国濒危物种科学委员会编印 (2019.11)].

[6]《重庆市重点保护野生植物名录》[渝林规范〔2023〕2 号].

[7]《国家重点保护野生植物名录》[国家林业和草原局 农业农村部公告 (2021 年第 15 号)].

[8] 陈锋, 熊驰, 周厚林. 重庆蔷薇科植物新记录种: 单瓣月季花[J]. 福建林业科技, 2023, 50(1): 110-112.

[9] 邓洪平, 王志坚, 陶建平, 等. 重庆阴条岭国家级自然保护区生物多样性[M]. 北京: 科学出版社, 2018.

[10] 邓涛, 张代贵, 孙航, 等. 神农架植物志 (全四卷) [M]. 北京: 中国林业出版社, 2018.

[11] 鲁兆莉, 覃海宁, 金效华, 等.《国家重点保护野生植物名录》调整的必要性、原则和程序 [J]. 生物多样性, 2021, 29 (12): 1577-1582.

[12] 熊驰, 陈锋, 邓洪平, 等. 重庆兰科杓兰属新记录种: 离萼杓兰[J]. 福建林业科技, 2022, 49(1): 114-116.

[13] 熊驰, 陈锋, 郑昌兵, 等. 重庆兰科虾脊兰属新记录种: 药山虾脊兰[J]. 福建林业科技, 2022, 49(2): 109-110, 115.

[14] 杨昌煦, 熊济华, 钟世理, 等. 重庆维管植物检索表 [M]. 成都: 四川科学技术出版社, 2009: 264-266.

[15]《中国生物多样性红色名录—高等植物卷 (2020)》[生态环境部 中国科学院公告 (2023 年第 15 号)].

[16] 周厚林, 熊驰, 雷天春, 等. 重庆兰科一新记录属: 叉柱兰属 [J]. 四川林业科技, 2023, 44 (2): 149-152.